문과 남자의 과학 공부

문과 남자의 과학 공부

나는 무엇이고
왜 존재하며
어디로 가는가?

유시민 지음

2023년 6월 23일
초판 1쇄 발행

2024년 6월 5일
초판 11쇄 발행

펴낸이	한철희
펴낸곳	돌베개
등록	1979년 8월 25일 제406-2003-000018호
주소	(10881) 경기도 파주시 회동길 77-20 (문발동)
전화	(031) 955-5020
팩스	(031) 955-5050
홈페이지	www.dolbegae.co.kr
전자우편	book@dolbegae.co.kr
블로그	blog.naver.com/imdol79
페이스북	/dolbegae
인스타그램	@Dolbegae79

편집	김진구·하명성
표지디자인	김민해
본문디자인	이은정·이연경
마케팅	심찬식·고운성·김영수·한광재
제작·관리	윤국중·이수민·한누리
인쇄·제본	영신사

ⓒ 유시민, 2023

ISBN   979-11-92836-18-8 (03400)

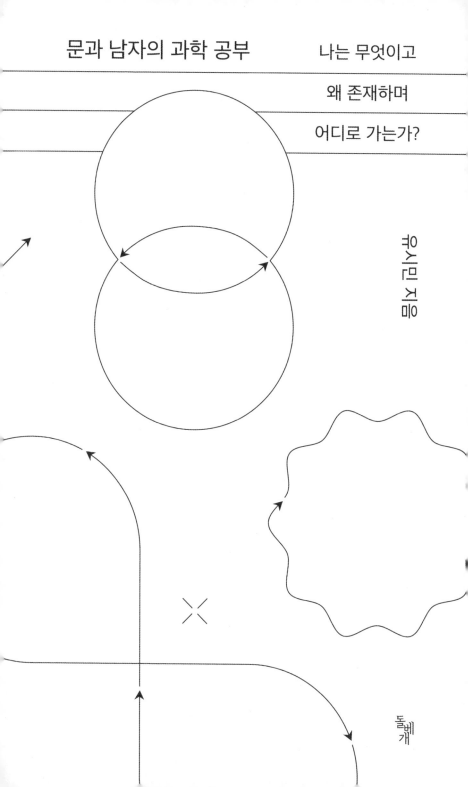

문과 남자의 과학 공부

나는 무엇이고

왜 존재하며

어디로 가는가?

유시민 지음

돌베개

차 례

✕

과학 공부의 즐거움

유튜브 도서비평 방송《알릴레오 북스》로 책을 만들자는 제
안을 받았다. 영상을 문자 텍스트로 바꾸는 게 의미가 있는
지 확신이 들지 않아 망설이는데 누가 말했다. "그건 재미없
을 것 같고, 과학 책 읽은 이야기가 낫지 않을까? 과학 책 제
법 읽었잖아. '문과 남자의 과학 공부', 어때?" 연인으로 아
내로 40년 동안 나를 가까이서 본 사람, 수학사를 전공한 한
경혜 박사는 그렇게 이 책의 기획자로 나섰다. 초고 전체를
읽고 비판적 조언을 주었으며, 6장은 특별히 꼼꼼하게 검토
해 선을 넘지 않게 단속했다. 책을 함께 썼다고 해도 되리라
생각한다.

　나는 '글 쓰는 문과 남자'다. 역사부터 경제·정치·독서·
여행·글쓰기까지 분야를 가리지 않고 글을 썼지만 인문학의
영역을 벗어나지는 않았다. 인문학은 인간과 사회를 연구하
는 학문이다. 다른 설명이 없는 한, 이 책에서 인문학은 사회
과학을 포함한다. 과학은 알지 못했고 관심도 없었다. 그런
데 칸트·헤겔·마르크스·밀·카뮈·포퍼의 철학에 대해서는
무슨 말이든 할 수 있으면서 갈릴레이·뉴턴·다윈·아인슈타

인·하이젠베르크·슈뢰딩거 같은 과학자는 이름 말고는 아는 게 없다는 사실이 불편했다. 인문학만 공부해서는 온전한 교양인이 될 수 없다는 생각도 들었다. 그래서 과학 책을 읽기 시작했다.

과학 고전이나 최신 논문이 아니라 '과학커뮤니케이터'들이 나처럼 무지한 독자를 위해 쓴 교양서를 읽었으니 제대로 공부했다고 할 수는 없다. 그렇지만 그 정도만 해도 달라진 게 적지 않았다. 무엇보다 공부가 무엇인지 새로 이해했다. 공부는 인생에 의미를 부여하기 위해 인간과 사회와 생명과 우주를 이해하는 일이다. 공부를 온전하게 하려면 당연히 과학을 알아야 한다. 나는 인문학을 공부했지만 나 자신을 안다거나 세상을 이해했다는 자신감을 얻지 못했다. 과학을 공부하고서야 이유를 알았다. 내가 무엇인지, 어디에서 왔는지, 왜 존재하는지, 어디로 가는지 모르면서, 내가 누구이고 내 삶은 어떤 의미가 있는지 고민했다. 진리인지 아닌지 알 수 없는 것을 가지고 인간의 행위와 사회의 역사를 해석했다. 자신감이 부족해서 그나마 다행이었다. 하마터면 더 교만한 사람이 될 뻔했다.

기껏해야 과학교양서였지만 꾸준히 읽으니 배운 게 없지는 않았다. 기대하지 않았던 재미를 느꼈다. 때로는 짜릿한 지적 자극과 따뜻한 감동을 받았다. 과학 공부가 그런 맛이 있는 줄은 몰랐다. 먹는 것은 몸이 되고 읽는 것은 생각이 된다. 나는 여러 면에서 달라졌다. 내 자신을 귀하게 여긴다. 다른 사람에게 너그러워졌다. 언젠가는 죽는다는 사실이 덜 무섭다. 인간과 세상에 대해 부정적 감정을 품지 않으려고 애쓴다. 어떤 문제에 대해 내가 아는 것과 모르는 것을 따져 본다. 인문학의 질문을 다르게 이해한다. 오래 알았던 역사이론에 대한 평가를 바꾸었고, 난해하기로 악명 높은 책을 쓴 철학자를 존경하게 되었다. 꽃과 풀과 나무와 별에 감정을 이입한다. 오로지 과학 공부 덕은 아니겠지만 과학 공부를 하지 않았다면 이만큼 달라지진 않았으리라 생각한다. 그 이야기를 하려고 이 책을 썼다.

『문과 남자의 과학 공부』는 과학교양서가 아니다. 나는 중요한 과학의 사실과 이론을 쉽고 정확하게 설명할 능력이 없다. 내가 흥미롭게 본 사실, 내게 지적 자극과 정서적 감동을 준 이론, 인간과 사회와 역사에 대한 내 생각을 교정해 준 정보를 골라 나름의 해석을 얹었을 뿐이다. '과학을 소재로 한 인문학 잡담'이라 하면 될 듯하다. 과학자가 읽으면 이렇게 말하며 웃을지 모른다. '이런 게 신기하다고? 감동까지 받았다고? 문과들은 참!'

과학 공부를 하고 싶은 독자는 훌륭한 과학교양서를 읽으시기 바란다. 『코스모스』, 『원더풀 사이언스』, 『엔드 오브 타임』, 『이기적 유전자』, 『파인만의 여섯 가지 물리 이야기』, 『원소의 왕국』, 『E=mc²』, 『생명이 있는 것은 다 아름답다』, 『김상욱의 양자 공부』, 『과학 콘서트』 같은 책이다. 저자들은 대부분 '이과'지만 인간의 언어로 과학 이야기를 들려준다.

각주를 눈여겨보시기를 당부한다. 내게 특별한 재미와 감동을 준 과학 책은 짧은 소감을 적었다. 꼭 말하고 싶지만 본문에 넣기 어려운 정보도 각주에 담았다. 본문에 방정식을 몇 개 쓴 사정을 너그럽게 헤아려 주시면 좋겠다. 이야기를 이어가는 데 꼭 필요해서 넣었다. 알아두면 좋고 그리 어렵지도 않으니 가벼운 마음으로 보면 된다. 지면을 아끼려고 원소 주기율표 말고는 그림이나 사진을 쓰지 않았다. 텍스트만으로 느낌이 확실하게 오지 않을 때는 검색엔진을 가동해 관련 이미지와 영상을 찾아보면 도움이 될 것이다.

가르침을 준 과학자와 과학커뮤니케이터 선생님들께 존경심을 담아 인사드린다. 책을 쓰면서 코페르니쿠스·갈릴레이·뉴턴·다윈·패러데이·맥스웰·플랑크·슈뢰딩거·하이젠베르크·아인슈타인·파인만을 비롯해 과학사에 뚜렷한 지성의 각인을 남긴 과학자를 만났다. 내 책 서문에 과학자의 이름을 열거하는 날이 있으리라고는 상상한 적이 없는데, 살다 보니 어쩌다 보니 그런 일이 생겼다. 인용한 모든 책의 저자와 번역자들께 감사드린다.

얼굴을 맞대고 대화한 적이 있는 과학자들, 특히 인문학이 과학을 껴안게 하려고 오랜 세월 애써 오신 최재천 선생과, 방송 촬영이 아니었다면 그토록 긴 시간을 함께 보냈을 리 없을 김상욱·정재승 교수께 특별한 감사를 드린다. 우리 시대의 가장 뛰어난 과학자라 생각해서가 아니다. 대한민국에는 탁월한 연구 능력을 지닌 과학자와 열정 넘치는 과학커뮤니케이터가 많다. 얼굴을 맞대고 대화를 나누며 배울 기회가 있었던 과학자가 그분들이었기에 하는 말이다. 과학은 지식의 집합이 아니라 인간과 생명과 자연과 우주를 대하는 태도이며 문과인 나도 과학적으로 생각할 수 있다는 것을 그분들께 배웠다. 어찌 고맙지 아니한가.

젊은 과학커뮤니케이터들의 건투를 빌며

2023년 6월
유시민

1

그럴법한 이야기와 확실한 진리

(인문학과 과학)

거만한 바보

2009년 봄이었다. 동네 서점에서 특별 진열대를 보았다. 다 윈Charles Darwin(1809~1882) 탄생 200주년과 『종의 기원』 출간 150주년을 맞아 서점과 출판사들이 과학교양서를 알리려 고 만든 서가였다. 선 채로 책을 뒤적이다가 세 권을 골랐다. 『코스모스』, 『이기적 유전자』, 그리고 『파인만!』. '이렇게 열 심히 홍보하는데 명색이 글 쓴다는 내가 그냥 지나치면 되 겠나. 교양인이라면 과학도 좀 알아야지.' 의무감 반 허영심 반으로 한 일이었다. 과학 공부를 하려고 마음먹은 건 아니 었다.

　『코스모스』와 『이기적 유전자』는 저자 세이건Carl Sagan (1934~1996)과 도킨스Richard Dawkins(1941~)의 이름을 들은 적이 있었다. 파인만Richard Feynman(1918~1988)은 그날 처음 알았다. 그런데도 구술 자서전 『파인만!』을 집어든 건 가벼운 읽을 거리 같아서였다. 그 책에는 최초의 핵폭탄 폭발 실험을 비 롯해 과학의 역사와 세계사의 흐름을 바꾼 연구 프로젝트에 참여한 경험을 진지하게 회고한 대목도 있었지만, 죽음을 앞

　　　　　　　　　그럴법한 이야기와 확실한 진리

둔 여인과 결혼한 경위, 암산 시합에서 일본인 주산 마스터를 이긴 요령, 술집에서 여자를 유혹한 방법, 금고 따기로 동료들을 놀라게 한 비법 같은 사생활 일화가 더 많았다. 그런데 거기에서 생각하지 못한 문장을 보았다.

토론회에는 거만한 바보가 많았고, 그들이 나를 궁지에 몰았다. 바보는 나쁘지 않다. 대화할 수 있고 도울 수도 있다. 하지만 자신이 얼마나 대단한지 자랑하는 거만한 바보는 어떻게 할 수가 없다. 정직한 바보는 아무 문제가 없지만 정직하지 않은 바보는 골칫거리다! 나는 토론회에서 거만한 바보를 무더기로 만났고 아주 낭패했다. 다시는 학제적 토론회에 가지 않을 것이다.[1]

여기서 '거만한 바보'는 역사학자·사회학자·법률가·신학자들이다. 파인만은 흔한 물리학자가 아니다. 자타가 인정

---

[1]   리처드 파인만 지음, 랠프 레이턴 엮음, 김희봉·홍승우 옮김, 『파인만!』, 사이언스북스, 2008, 426쪽. 파인만이 그 토론회에서 겪은 일을 회고한 「전기는 불입니까?」에는 인문학자가 경청해야 할 이야기가 여럿 들어 있다. 예컨대 어떤 사회학자가 '사람들은 읽는다'는 말을 '공동 사회의 개별 구성원들은 시각 또는 상징수단을 통해 정보를 얻는다'고 썼다든가, 회의 속기사가 파인만의 말을 정확하게 알아들을 수 있었다면서 직업이 교수는 절대 아닐 거라고 단언했다든가 하는 일화다. 『탈무드』에 따르면 토요일에는 불을 쓰지 말아야 한다면서 전기가 불인지 여부를 묻는 유대인 신학자도 나온다.

16

하는 천재였고 아인슈타인Albert Einstein(1879~1955)의 뒤를 이은 '과학 셀럽'이었다. 서른 살이 되기 전에 최초의 핵폭탄을 제조한 맨해튼프로젝트에 참여했고 첫 핵폭발 실험을 현장에서 보았다. 양자전기역학과 입자물리학을 비롯한 물리학의 여러 분야에서 중요한 연구업적을 냈다. 1965년 다른 두 과학자와 노벨물리학상을 공동 수상했을 때 놀라는 이가 없었을 정도였다.[2] 이륙 직후 폭발해 승무원 일곱 명이 전원 사망한 1986년의 미국 챌린저 우주왕복선 사고 원인을 규명해 세계인의 눈길을 끌기도 했다. 그런 사람이 왜 인문학자를 그토록 혹독하게 비난했을까?

파인만은 1970년대에 과학자들이 잘 하지 않는 활동을 했다. 인문학에 관심을 가지고 과학과 종교의 관계라든가 핵폭탄의 윤리적 쟁점 같은 문제를 연구하면서 강연회와 토론회에서 자신의 견해를 공개한 것이다. 그가 인문학자들과 다

---

[2]   파인만이 탁월한 이론물리학자였다는 사실은 누구도 부정하지 않는다. 그러나 '과학 셀럽'이 된 것은 연구업적 때문이라기보다 복잡한 문제를 단순하고 쉽게 설명하는 강의 능력과 쇼맨십 덕분이었다는 평가는 있다. 로드리 에번스와 브라이언 클레그는 공저 『세상을 보는 방식을 획기적으로 바꾼 10명의 물리학자』(김소정 옮김, 푸른지식, 2016) 371~374쪽에 그 이유를 상세하게 밝혔다. 나는 파인만이 연구자로서 얼마나 훌륭한 업적을 남겼는지 판단할 능력이 없다. 하지만 『파인만의 여섯 가지 물리 이야기』(리처드 파인만 지음, 박병철 옮김, 승산, 2003)가 문과도 읽을 만한 책이라는 사실로 미루어보면 그가 뛰어난 이야기꾼이자 유능한 교사였다는 것만큼은 분명하다고 생각한다.

툰 사건은 '평등의 윤리'를 주제로 뉴욕에서 열린 '학제적' 토론회에서 일어났다. '학제적'이란 평소 만날 일이 거의 없는 인문학자와 과학자들이 같은 시간 같은 공간에서 같은 주제로 이야기를 나누었다는 뜻이다. 파인만은 그 토론회에 적응하지 못했다. 주최자가 미리 보내준 도서목록에 읽은 책이 한 권도 없다는 사실을 확인하고 토론회에서 듣기만 하기로 마음먹었다. 그런데 듣다 보니 '교육에서 평등의 윤리'라는 주제 자체가 모호해 토론자들이 아무 말이나 막 해도 주제와 무관하다는 것을 증명할 방법이 없다는 생각이 들었다. 그래서 먼저 주제를 명확하게 정의해 엉뚱한 이야기를 걸러내자고 제안했다. 하지만 호응하는 사람이 없었다.

마지막 평가모임에서 주최 측은 '우리는 다른 분야의 사람들과 대화하는 법을 개발했는가'라는 주제를 제안했다. 파인만은 솔직하게 의견을 말했다. '평등의 윤리'라고 생각하는 것에 대해 토론하는 동안 자신을 포함해 모두가 자기 관점에만 집착했고 다른 사람의 관점에는 관심을 기울이지 않았기 때문에 대화를 한 게 아니라 혼돈을 만들었다고 했다. 다른 참가자들이 도무지 이해할 수 없는 말로 반박하자 파인만은 그들이 자신을 조롱한다고 느꼈다. 그래서 회고록에 '뒤끝 작렬' 촌평을 남겼다. "그들은 세계를 있는 그대로 이해하지 못하면서도 스스로는 지혜롭다고 믿는 거만한 바보였다."

나는 파인만을 의심했다. '너무 나간 것 아닌가?' 문과여서 그런지 반감도 들었다. '그래, 파인만 선생은 물리학 천재야. 하지만 그렇다고 해서 완전한 진리를 아는 건 아니지 않나? 오류는 누구나 범할 수 있지. 인문학은 원래 그래. 명확한 진리를 밝힌다기보다는 어떤 문제에 대해서든 그럴법한 이야기를 만드는 학문이지. 파인만이 보기엔 모든 것이 불확실하고 불분명했겠지만, 거만한 바보라고 한 건 지나쳤어.'

내 생각이 잘못이라는 걸 아는 데는 그리 긴 시간이 걸리지 않았다. 『코스모스』와 『이기적 유전자』를 읽고 나자, 표현이 과격해서 그렇지 파인만이 틀린 말을 한 건 아니라는 생각이 들었다. 남 얘기인 줄 알았는데 그게 아니었기 때문이다. 내가 바로 '거만한 바보'였다. 나는 물질세계에 대해 거의 전적으로 무지했다. 우주·은하·별·행성·물질·생명·진화 같은 것을 이해하지 못하고 살았다. 그래도 괜찮았다. 문과니까.

하지만 '인간이 무엇인지' 모른다는 건 보통 문제가 아니었다. 게다가 나는 내가 무엇을 알고 무엇을 모르는지도 몰랐다. 내가 옳다고 믿는 이론이 옳다는 증거가 있는지 여부를 따져보지 않았다. 그러면서 인간과 사회에 대해 알 만큼 안다고 생각했다. 내 생각이 진리인 양 큰소리를 쳤다. 내가 바보라는 생각을 하니 심사가 뒤틀렸다. 민망함·창피함·분함·원망스러움을 한데 버무린 것 같은 감정이 찾아들었다.

'거만한 바보'를 그만두기는 쉬웠다. '난 아는 게 별로 없어.' 그렇게 인정하고, 내가 무엇을 알고 무엇을 모르는지

점검하는 습관을 익히면 되는 일이었다. 하지만 그래봤자 크게 나아진 건 없었다. '정직한 바보도 바보는 바보 아닌가. 나이 오십에 바보라니.' 자괴감이 들었다. 그래서 과학 공부를 시작했다. 공부래야 별건 아니었다. 과학교양서를 읽으면서 생각하고 느낀 게 다였다. 그래도 꾸준히 하니 바보는 면한 것 같다. 그게 자랑이냐고? 그렇다. 나는 '운명적 문과'다. 그 정도만 해도 뿌듯하다. 어디 자랑하고 싶다.

운명적 문과의 슬픔

다들 그런 것처럼 나도 수학이 어려워서 문과를 선택했다. 선택이라고 했지만 진짜 선택한 건 아니다. 수학을 못하는데 무슨 선택을 하겠는가. 문과 말고는 갈 데가 없었다. 수학을 못한다고 과학자나 엔지니어가 될 수 없는 건 아니다. 하지만 자연과학대학이나 공과대학에 들어가려면 문과보다 높은 수준의 수학을 알아야 한다. 수학을 잘하지 못하면 대학에 들어가기 어렵고 들어가도 공부하기 힘들다. 어찌해서 학위를 딴다 해도 과학자나 엔지니어로 성공할 가능성이 낮다. 뭐 하러 굳이 이과에 가겠는가.

　선택은 수학을 잘해야 할 수 있다. 수학을 잘하면 아무 데나 가도 된다. 인문학도 수학과 통계학을 쓰는 분야가 있다. 특히 경제학은 수학의 식민지 또는 수학으로 무장한 학자의 놀이터가 된 지 오래다. 신고전파 경제학을 완성했다는 평가를 받는 마셜Alfred Marshall(1842~1924), 거시경제이론을 창안한 케인스John Keynes(1883~1946), 게임이론으로 경제학을 혁신한 내시John Nash(1928~2015), 경제지리학으로 무역이론을 한 차원 높인 크루그먼Paul Krugman(1953~) 등 보통 사람이 이름을 아는 경제학자는 대부분 수학자가 되었어도 이상하지 않았을 사람이다. 나름 공부를 잘한다는 경제학과 학생들이 머리를 쥐어뜯는 문제를 부전공으로 경제학 강의를 듣는 수학과 학생들이 장난감처럼 가지고 노는 광경을 나는 여러 번 보았다. 수학은 범용 학문이다. 수학을 잘하면 문과에서도 성공할 확률이 높다.

수학을 못해서 문과가 된 사람을 '운명적 문과'라고 하자. 운명적 문과는 저마다 수학 공포증에 걸린 순간이 있다. 나는 중학교 1학년 때였다. 수학 선생님이 분필로 'f(x)'라고 썼을 때 앞이 뿌옇게 흐려져 칠판의 글씨가 보이지 않았다. 수학 시간과 수학 시험은 피하고 싶지만 피할 도리가 없는 재난으로 변했다. 선생님이 시험 점수가 신통치 않다고 아이들을 때린 것은 어리석은 짓이었다. 종아리에서 느끼는 통증의 강도와 수학 개념의 이해도 사이에는 인과관계가 없다.

과학자는 수학으로 우주를 이해하고 수학으로 대화한다. 수학은 어떤 학문인가? 수학을 '우주의 언어'라고 한 갈릴레이Galileo Galilei(1564~1642)의 견해를 일단 받아들이자. 수학을 객관적 실재實在(reality)와 무관한 지적·논리적 예술로 보는 견해는 6장에서 살펴보겠다. 과학자가 되려면 물질 현상에 대한 호기심뿐만 아니라 우주의 언어인 수학을 익힐 재능도 있어야 한다. 나는 둘 다 없었다. 왜 그랬는지는 모른다. 늦었지만 물질 현상에 대한 호기심은 생겼다. 하지만 수학은 다르다. 이번 생에는 이미 틀린 일이다.

수학을 모르면 과학 공부가 어렵다. 학창 시절 과학 과목은 선생님의 강의를 들어도 어려웠고 혼자 책을 보면 더 어려웠다. 그런데도 시험을 쳐야 했기에 뉴턴의 만유인력 공식부터 원소 주기율표, 화합물의 분자식, 지질학 시대 구분, 암석 종류까지 외울 수 있는 건 뭐든 외웠다. 인간의 언어를 쓰는 국어와 사회 과목은 굳이 강의를 들을 필요가 없었다. 교과서와 참고서를 보면서 혼자 공부하는 편이 더 나았다. 문자 텍스트는 한 번 읽으면 대충이라도 이해했고, 여러 번 읽어서 정확하게 독해하면 애쓰지 않아도 오래 기억했다.

수학 성적이 나빴던 건 아니다. 수학도 외우면 시험을 잘 볼 수 있다. 1970년대에는 고등학교 문과 수학에도 정수론·대수학·기하학에서 미적분·확률론·통계학까지 웬만한 분야가 다 있었다. 시중에 나와 있는 모든 참고서의 모든 문제를 반복해서 풀면서 문제 유형과 풀이 과정을 암기했다. 그렇게 하면 아는 스타일 문제는 어지간히 다 풀 수 있다. 나는 시간을 무한정 투입해 처음 보는 유형의 문제를 만날 확률을 낮추는 '물량전'을 폈다. 대수학과 미적분학의 원리와 용도를 거의 이해하지 못했지만 대학 본고사 수학 시험에서 만족하고도 남을 점수를 받았다. 그리고 수학 공부를 곧바로 그만두었다.

초등학교 자연 교과서로 시작했던 과학 공부는 그보다 두 달 전 대입 예비고사를 본 날 끝냈다. 그때는 문과도 과학 두 과목을 선택해 예비고사 시험을 쳤고 예비고사 점수를 입시에 반영했기 때문에 과학 공부를 해야만 했다. 학교에서 물리·화학·생물·지구과학을 배웠는데 나는 수학을 거의 쓰지 않는 생물과 지구과학을 시험과목으로 골랐다. 그게 끝이었다. 더는 과학 공부를 할 필요가 없었다. 우연히 파인만의 자서전을 펼칠 때까지, 30년 넘게 과학 책이라고는 읽지 않았다.

'불가능은 없다'는 말, 멋지지만 맞진 않다. 인생에는 노력해도 안 되는 게 많다. 노력한다고 해서 내가 우사인 볼트처럼 달리겠는가. 리오넬 메시같이 축구공을 다루겠는가. 이창호·이세돌·신진서만큼 바둑을 두겠는가. 수학도 내겐 그렇다. 노래할 때 박자와 음정을 정확하게 지키는 것만큼 어렵다. 내 잘못은 아니다. 그렇게 태어나 그렇게 자란 걸 어쩌겠는가. 사는 데 큰 지장이 있었던 것도 아니다. 어쩌다 경제학을 전공했지만 기초 대수학과 미적분학만 대충 알아도 석사 학위 취득까지 별 문제가 없었다. 6장에서 만날 수학자 하디Godfrey Hardy(1877~1947)는 경제 수학을 '하찮은 수학'이라고 했다. 수학적 직관이 빈약해도 '하찮은 수학'은 할 수 있다.

'과학은 물질세계를 탐구하고 인문학은 인간과 사회를

연구한다. 연구 대상과 방법은 다르지만 진리를 탐구한다는 점에서는 다르지 않다.' 나는 예전에 이 말을 믿었다. 어떤 사람들은 지금도 믿는다. 하지만 사실은 그렇지 않다. 과학과 인문학은 여러 면에서 다르다. 인간 지성이 발전하는 과정에서 서로 영향을 주고받았는데, 과학이 인문학에 미친 영향이 인문학이 과학에 준 영향을 압도한다. 과학이 인문학에 결과적으로 좋은 영향만 준 것은 아니다. 게다가 과학자는 쉽게 인문학으로 건너가는 반면 인문학자가 과학의 세계에 발을 들여놓기는 지극히 어렵다.

모든 문과가 그랬던 것은 아니겠으나, 나는 수학까지도 외우면서 발버둥쳤지만 과학의 세계에 들어가지 못했다. 나이를 먹을 만큼 먹은 뒤에야 바보를 면해 보려고 과학 책을 읽었다. 수학 재능이 있어서 과학과 수월하게 친해진 사람은 운명적 문과의 슬픔을 모를 것이다. 나는 인간의 언어로 과학을 가르쳐 주는 '과학커뮤니케이터'를 은인으로 여긴다. 그분들 덕에 문과의 슬픔을 덜 느끼면서 과학을 공부할 수 있었다.

인문학과 과학의 비대칭

'인문학의 위기'라는 말을 1998년에 처음 들었다. 외환위기로 한국경제가 바닥에 떨어진 시기였다. 외환위기는 기업 부

채 때문에 일어났는데도 급전을 꿔준 국제통화기금IMF의 관료들은 엉뚱하게도 아무 문제가 없었던 정부의 재정 지출 감축을 강요했다. 김대중 정부는 그런 상황에서도 과학과 공학 분야 신진 연구자 지원에 중점을 둔 '학문 후속세대 양성 사업'(BK21사업)에 해마다 2,000억 원 넘는 신규 예산을 투입했다. '인문학의 위기'를 거론하면서 돈이 되는 응용과학과 공학만 지원하는 '정부의 단견'을 맹렬하게 비판하는 인문학 교수와 지식인들의 성명서와 칼럼이 줄을 이었다. 정부는 비판의 취지를 받아들여 인문학 분야 연구 지원 예산도 증액했다.

인문학의 위기가 무엇인지는 그때도 지금도 분명하지 않다. 파인만 같으면 이렇게 말할 것이다. '인문학의 위기가 무엇인지 정의한 다음 원인을 진단하고 대책을 논의합시다!' 인문학의 위기는 정의하기 어렵지만 인문학자들이 인문학 위기론을 들고 나온 사정은 알기 쉽다. 외환 부족으로 인한 국가부도 위험이 국민경제의 파국으로 번지자 부채비율이 높은 재벌 대기업이 줄지어 도산했다. 살아남은 기업은 '구조조정'이라는 괴상한 말을 내세우며 노동자를 대량으로 해고했다. 실업률이 치솟았고 신규 채용 시장이 얼어붙었다. 미래에 대한 불안감이 사회를 덮치자 성적이 우수한 학생들이 그나마 취업 전망이 나은 이과로 몰렸다. 정부는 전공 관련 취업률이 낮은 인문학 분야의 대학 입학 정원을 줄이도록 압박했고 대학 운영자들은 인문학 분야 학과를 없애거나

그럴법한 이야기와 확실한 진리

통폐합했다.

그런 흐름은 지금까지 이어져왔다. '출산 파업'이라는 말이 나올 정도로 출산율이 떨어졌고 대입 수능시험 지원자 수는 급감했다. 서울에서 먼 지역의 대학부터 대규모 정원 미달 사태를 맞는 현상에 언론은 '벚꽃 엔딩'이라는 노래 제목을 붙였다. 벚꽃이 먼저 피는 곳부터 대학이 문을 닫을 것이라는 이야기다. 2022년도 출생 수는 25만 명에 미치지 못했다. 20년 후에는 이 아기들이 대부분 대학에 가도 정원을 채우지 못한다. 지방의 대학이 멸종 상황에 들어가고 수도권 대학이 입학 정원을 줄인다면 어떤 학과가 과녁이 될까? 말할 것도 없이 인문학 분야 학과들이다. 놀랄 건 없다. 뻔히 예측했던 일이니까.

'인문학 위기론'은 인문학 교수와 연구자들이 생존의 위기에 봉착한 대학사회에서 나왔다. 정부가 국가 예산으로 인문학을 지원하면 문제를 잠시 누그러뜨릴 수는 있을 것이다. 그러나 대학 인문학의 위기를 그런 방법으로 해결할 수 있다고는 아무도 믿지 않는다. 인문학자들은 인문학의 위기에 대한 정의부터 원인 진단과 해결책까지 갖가지 분석과 주장을 내놓았지만 누구나 고개를 끄덕일 만한 합의를 도출하지는 못했다. 그렇다고 해서 비난할 수는 없다. 누가 잘못해서 그런 게 아니다. 예나 지금이나 인문학은 그런 일을 잘하지 못한다. 원래 그런 학문이며 앞으로도 그럴 것이다.

나는 인문학이 위기에 빠졌다고 생각하지 않는다. 대중

26

은 여전히 인문학 책을 읽고 인문학을 공부한다. 강연 전문 기업과 민간단체가 여는 인문학 강연은 늘 성황을 이룬다. 텔레비전의 인문학 강연과 유튜브 인문학 영상도 큰 관심과 인기를 누린다. 인문학은 자기 자신을 이해하려는 욕망의 산물이다. 그 욕망을 충족하려면 누구나 무無에서 시작해야 한다. 단 하나의 인문학 지식도 유전으로 물려받을 수 없기 때문이다. 호모 사피엔스의 뇌가 생물학적으로 진화해 자신을 이해하려는 욕망을 버리지 않는 한, 인문학이 사라지는 일은 없을 것이다.

인문학이 진짜 위기에 빠지는 경우는 단 하나뿐이다. 우리 자신을 이해하는 데 아무 도움이 되지 않는 때다. 나는 지금이 바로 그런 시기가 아닌지 의심한다. 이 말을 하고 싶어서 굳이 과학 공부와 직접 관련이 없는 인문학 위기론을 꺼냈다. 나는 인문학자가 과학을 공부하지 않고 과학자들이 찾아낸 사실을 활용하지 않는 데서 인문학의 위기가 싹텄다고 본다. 운명적 문과로서 인문학 책만 읽으며 살았던 내가 요즘은 인문학 책이 재미없다. 강력한 지적 자극을 받는 경우가 드물다. 무엇인가를 새로 아는 즐거움을 주거나 오래된 생각을 교정하도록 격려한 것은 과학 책이었다. 설마 나만 그랬겠는가?

전통 인문학인 '문사철'(문학·역사학·철학)은 몇천 년 전에 생겼다. 경제학·사회학·인류학을 비롯한 새로운 인문학도 몇백 년은 되었다. 인문학자들은 오랜 세월 힘든 과제

그럴법한 이야기와 확실한 진리

를 수행했다. 인간의 몸이 세포로 이루어져 있고 세균과 바이러스가 몸에 들어와 질병을 일으킨다는 사실조차 몰랐던 시대에도 생명의 유래와 우리 존재의 이유와 인간의 본성과 죽음의 실체에 대한 질문에 대답해야 했다. '우리는 왜 존재하는가? 우리는 어디에서 왔는가? 인간의 본성은 선한가 악한가? 어떤 삶이 훌륭한가? 죽은 뒤에 어디로 가는가? 어떤 힘이 사회 질서와 문화를 바꾸는가? 역사에 정해진 방향이 있는가? 국가의 도덕적 이상은 무엇인가?'

어느 하나 쉬운 질문이 아니었지만 인문학자들은 모른다고 하지 않았다. 어떻게든 대답하려고 했다. 그게 과학자와 다른 점이다. 과학자는 아는 것과 모르는 것을 분명하게 나눈다. 모르는 것은 모른다 말하고 실체를 알아내기 위해 연구한다. 인문학자가 잘못한 건 없다. 인문학은 그런 학문이다. 과학이 하지 못하는 일을 한다. 인문학에는 진리와 진리 아닌 것을 가르는 분명하고 객관적인 기준이 없다. 매우 그럴법하거나 그럴 것 같기도 한 주장과, 별로 그럴듯하지 않거나 아주 말이 안 되는 주장이 있을 뿐이다. 그럴법한 견해끼리 충돌하면 승패를 가리지 못한다. 어느 쪽도 사실이라는 증거가 없기 때문이다. 인문학에는 과학과 달리 영원한 진리가 없다. 한때 진리로 통하는 이론도 100년을 견디지 못한다. 스미스Adam Smith(1723~1790)의 '보이지 않는 손', 스펜서 Herbert Spencer(1820~1903)의 '사회다원주의'social Darwinism, 마르크스Karl Marx(1818~1883)의 역사이론이 다 그랬다.

인문학자들은 과학이 충분히 발전하지 않아 물질의 증거를 갖춘 대답을 내놓기 어려운 상황에서도 최선을 다했다. 문제는 과거가 아니라 지금이다. 과학혁명의 문이 열린 이후 500여 년 동안 과학은 가속 발전했다. 무서울 정도로 발전 속도가 빨랐던 최근 100년 동안 과학자들은 우주와 자연과 인간에 대한 중요한 사실을 헤아리기 어려울 만큼 많이 찾아냈다. 앞으로 더 빠르게 발전할 것이다. 인간과 사회에 대해서는 대답하지 못한 질문이 여전히 많다. 과학의 사실과 이론을 활용하면 더 그럴법한 대답을 할 수 있는 질문도 적지 않다. 그런데도 인문학자들은 과학에 관심이 없다. 고슴도치처럼 가시를 세우고 과학이 다가오지 못하게 막아서기도 한다.

　　인문학자들이 과학의 사실을 배척한 사례는 과거에도 있었지만 그로 인해 인문학이 위기에 빠지지는 않았다. 그러나 지금은 다르다. 새로운 지식과 정보가 학문의 경계와 언어의 장벽을 뛰어넘어 빛과 같은 속도로 퍼져 나간다. 성벽을 쌓고 안주하는 학문은 뒤처질 수밖에 없다. 인문학도 예외가 아니다. 오래된 울타리 안에 머물면서 오래된 것에 집착하면, 과학이 새로 찾아낸 사실을 이해하고 받아들이지 않으면, 과학과 소통하고 교류하기를 거부하면, 대학의 인문학은 존재의 근거를 잃을 것이다. 대학 밖의 인문학은 그렇지 않다. 대중은 대학이라는 제도를 거치지 않고 새로운 미디어를 통해 인문학을 만나며 학습하고 있다.

과학 공부를 하면서 예전에 몰랐던 질문을 여럿 만났다. 우선 한 가지만 말하자. '나는 무엇인가?' 이 질문은 전통적 인문학과 맞지 않는 형식이다. 인문학의 익숙한 질문 형식은 '나는 누구인가?'다. 인문학의 위기는 질문을 제때 수정하지 못한 데서 싹텄는지도 모른다. 내가 무엇인지 모르는데 누구인지 어찌 알겠는가? 우리가 무엇인지 모르는데 어디에서 왔는지 어떻게 알아낼 것인가? 인간이 무엇인지 모르는데 본성을 무슨 수로 밝히겠는가? 인간이 무엇인지 탐구하지 않으면서 사회를 있는 그대로 이해할 수 있겠는가?

파인만은 인문학자를 비난하지 않았다. 과학을 알려고 하지 않는, 과학의 연구 방법을 거부하는, 과학을 배척하는, 그러면서도 스스로 많이 안다고 착각하는 사람들을 비판했을 뿐이다. 직업이 인문학자든 아니든 상관없다. '거만한 바보'는 단순한 바보가 아니다. 권력을 장악하면 상상하기 어려운 악행을 저지른다. 문명의 역사는 세속권력이나 종교권력을 거머쥔 '거만한 바보'들이 자연과 인간에 관한 사실을 탐구하고 밝혀낸 과학자를 가두고 고문하고 죽이고 책을 불태운 사건으로 얼룩졌다. 과학자는 '거만한 바보'들에게 화를 낼 권리가 있다.

과학과 인문학의 비대칭을 나는 슬픈 마음으로, 그러나 기꺼이 받아들인다. 과학자는 인간의 언어와 우주의 언어 둘 모두를 쓴다. 큰 어려움 없이 과학과 인문학의 경계를 넘나든다. 인문학의 질문에 자기네 방식으로 응답한다. 그러나 인간의 언어만 아는 나는 방정식으로 가득한 물리학 논문을 읽지 못한다. 과학커뮤니케이터의 도움을 받아 까치발을 해야 담장 너머 과학의 세계를 구경이라도 할 수 있다.

공부에는 너무 늦은 법이 없다는 말, 수학에는 통하지 않는다. 두뇌가 원활하게 돌아가던 젊은 시절에도 되지 않았던 수학 공부가 노년에 접어드는 지금 될 리 없다. 그런 나를 세이건 선생과 도킨스 선생이 격려해 주었다. '수학을 몰라도 돼. 내가 인간의 언어로 말해 줄게.' 나는 그들의 말을 일부 알아들었다. 용기를 북돋워 주는 문장도 만났다. "과학은 단순히 사실의 집합이 아니다. 과학은 마음의 상태이다. 세상을 바라보는 방법이며 본질을 드러내지 않는 실체를 마주하는 방법이다."[3] 문과라도, 나이를 먹었어도, 과학을 할 수 있다는 말이다.

---

[3] 이 문장은 『원더풀 사이언스』(나탈리 앤지어 지음, 김소정 옮김, 지호, 2010) 38쪽에서 가져왔다. '아름다운 기초과학 산책'이라는 부제가 딱 들어맞는 이 책은 물리학에서 화학과 생물학으로, 뿌리에서 가지와 잎으로 나아가면서 중요한 과학의 사실을 알려준다. 저자는 전문 과학작가답게 인간의 언어밖에 알지 못하는 독자를 세심하게 배려하면서 과학의 세계로 안내한다. 이 책을 읽은 내 소감은 이랬다. '내용은 wonderful, 문장은 beautiful.'

어떤 과학 이론은 그저 신기했다. 아는 것만으로 충분히 재미있었다. 그러나 어떤 것은 신기할 뿐만 아니라 인간과 사회를 보는 시각을 바꾸고 시야를 넓혀 주었다. 나는 다음과 같은 말에 마음이 끌렸다. 웬만한 사람은 다 알지만 받아들이는 방식은 저마다 다른 정보를 담은 문장들이다. '내 몸과 똑같은 배열을 가진 원자의 집합은 우주 어디에도 없다.' '정신은 물질이 아니지만 물질이 없으면 정신도 존재하지 않는다.' '자아는 뇌세포에 깃든 인지 제어 시스템이다.' '내 몸을 이루는 물질은 별과 행성을 이루는 물질과 같다.' '지구 생물의 유전자는 모두 동일한 생물학 언어로 씌어 있다.' '태양이 별의 생애를 마칠 때 지구 행성의 모든 생명은 사라진다.' '모든 천체는 점점 더 빠른 속도로 서로 멀어지고 있으며 언젠가는 우주 전체가 종말을 맞는다.'

과학은 스스로 발전했고, 인문학은 과학을 껴안으면서 전진했다. 둘이 늘 사이가 좋았던 건 아니다. 인문학은 과학의 사실을 즉각 받아들여 활용하기도 하지만 완강하게 거부하기도 한다. 그러나 과학은 인문학보다 힘이 세다. 누구도 부정할 수 없는 물질의 증거를 찾아내기 때문이다. 그 덕분에 우리는 우리 자신과 세계를 있는 그대로 볼 수 있게 되었다. 인문학에 가장 크고 깊고 넓은 변화를 가져다준 과학적 발견은 무엇이었을까? 누구에게 가장 큰 감사패를 주어야 할까? 코페르니쿠스Nicolaus Copernicus(1473~1543)와 다윈을 공동 수상자로 추천한다. 두 사람은 '우리 집과 우리 엄마'의 진실을 밝혔다. 내가 누구인지 알려면 그 진실을 받아들여야 한다.

16세기에 과학이 가장 높게 발전한 곳은 유럽이었다. 그렇지만 그때는 유럽 사람들도 우주가 지구를 중심으로 돈다는 천동설을 믿었다. 천동설은 유치한 관념이어서 누가 창안했다고 할 수 없다. 우리는 땅이 멈추어 있다고 느낀다. 해와 달이 동쪽에서 올라와 서쪽으로 내려가는 것을 본다. 북극성을 중심으로 하루 한 바퀴 도는 별의 움직임과 태양계 다른 행성의 '역행'逆行 현상을 천동설로는 설명할 수 없지만 괜찮았다. '인문학 천재' 아리스토텔레스가 지상계와 천상계는 서로 다른 법칙에 따라 움직인다는 이론으로 문제를 해결했다. 그는 신이 창조한 우주의 모든 천체는 완벽한 구형이고 원운동을 한다고도 했다. 우리의 감각으로 우리의 공간에 특권을 부여한 천동설은 아리스토텔레스의 지적 권위와 로마 교황청의 권력을 등에 업고 진리인 양 군림했다. 과학에 관한 한 아리스토텔레스는 무턱대고 믿을 만한 사람이 아니다. 그 사실이 드러나는 데 2,000년이 걸렸다.

폴란드 사람 코페르니쿠스는 『천체의 회전에 관하여』라는 책에서 지구를 포함한 행성들이 자전축을 중심으로 회전하면서 태양 주변을 돈다는 사실을 논증함으로써 인간이 지구에 부여한 부당한 특권을 박탈했다. 로마 교황청의 '거

그럴법한 이야기와 확실한 진리

만한 바보'들은 책의 판매와 유통을 금지했다. 코페르니쿠
스가 뇌출혈 후유증으로 세상을 떠나지 않았다면 종교재판
에 넘겨 화형에 처했을지도 모른다. 그들은 코페르니쿠스
의 견해를 받아들여 무한우주 이론을 펼쳤던 과학자 브루노
Giordano Bruno(1548~1600)를 로마의 광장에서 불태워 죽였다. 위
대한 과학자 갈릴레이를 죽을 때까지 시골집에 가두었다. 그
러나 코페르니쿠스의 이론은 갈릴레이의 고전역학과 케플
러Johannes Kepler(1571~1630)의 행성 운행법칙 발견을 거쳐 뉴턴Isaac
Newton(1642~1727)의 만유인력 법칙 발견으로 이어졌다. 뉴턴은
우주의 근본원리를 수학으로 서술함으로써 고전역학의 시
대를 열었다.

인문학자들은 어떤 사상이나 이론의 창의성과 혁신성을
강조할 때 '코페르니쿠스적 전환轉換'이라는 말을 쓴다. 하지
만 그것은 인문학 이론에 대한 지나친 찬양이자 코페르니쿠
스의 업적에 대한 부당한 폄하일 뿐이다. 어떤 인문학자도
코페르니쿠스처럼 객관적이고 확고한 진리를 찾아내지는
못했다. 지동설은 주관적 견해를 담은 이론이 아니라 물리
세계의 사실을 서술한 것이다. 인문학은 그런 일을 하는 학
문이 아니다. 과학과 인문학의 근본적인 차이를 간과하고 과
학을 잘못 흉내 내면 인문학은 심각한 오류에 빠질 수 있다.

두 사례가 떠오른다. 자본주의 체제의 붕괴와 공산주의
혁명의 필연성을 논증한 마르크스의 역사이론, 자본가와 노
동자가 저마다 생산에 기여한 만큼 보상을 받는다는 클라크

John Bates Clark(1847~1938)의 한계생산력분배이론이다. 실제 역사는 마르크스의 역사이론과 다르게 흘렀다. 이제는 그 이론을 법칙이라고 하는 인문학자를 보기 어렵다. 그러나 한계생산력분배이론은 그렇지 않다. 1960년대에 오류임이 드러났는데도 경제학 교과서에 여전히 남아 있고 경제학 교수들은 자연법칙이라도 되듯 그 이론을 가르친다. 두 이론의 오류는 각각 5장과 2장에서 살펴보겠다.

우리 자신에게 근거 없이 특권을 부여한 관념은 천동설만이 아니었다. 인간이 만물의 영장이라거나 신이 인간을 특별하게 창조했다는 견해도 마찬가지였다. 인간 지성이 유치한 수준이던 시대에 생긴 관념이다. 유치하다는 건 말 그대로 어린애 같다는 뜻이다. 어린아이는 자기 엄마와 자기 집을 특별하게 여긴다. 자연스럽고 당연한 일이다. 개인도 인류도 그렇게 시작해서 높은 수준으로 올라갔다. 다윈은 인간의 유래에 관한 이야기를 신화에서 과학으로 바꾸었다. 인간은 만물의 영장이라는 허울을 벗고 지구 생태계의 최상위 포식자 호모 사피엔스가 되었다.

호모 사피엔스는 뛰어난 지적 능력을 가지고 위력적인 공동 행동을 하지만 군집을 이루어 사는 '진사회성 동물'[4]이

---

4   둘 이상의 세대가 집단을 이루어 살면서 분업의 일환으로 이타 행동을 하는 동물을 진사회성眞社會性(eusociality) 동물이라고 한다. 개미, 꿀벌, 말벌 같은 '막시류' 곤충과 호모 사피엔스가 여기에 들어간다.

라는 사실은 달라지지 않았다. 다른 모든 종이 그런 것처럼 우리 종도 수십억 년 전 출현한 최초의 생명체에서 진화했다. 특정한 질서를 가진 사회를 형성하고 존엄·인권·정의·평등과 같은 가치를 추구하지만 유전자에 새겨진 생물학적 본능을 바꾸거나 없애지는 못한다. 코페르니쿠스는 우리 집에 대한 진실을 말했고 다윈은 엄마를 '생얼' 그대로 보게 했다. 집과 엄마에 대한 생각이 바뀌자 우리는 우리 자신을 달리 보게 되었다.

과학혁명은 생산기술을 혁신함으로써 생산조직의 형태와 운영방식, 대중의 생활방식, 정치제도와 법률, 사회적 계급의 성격, 국가의 기능, 가족제도와 문화양식까지 세상 모든 것을 바꾸었다. 그런 변화의 원인을 찾고 양상을 분석하며 미래를 전망하는 것이 인문학의 과제다. 그런데 그 모든 변화의 추동력을 제공하는 과학에 관심이 없다면, 과학자들이 인간에 대해서 발견한 중대한 사실을 외면한다면, 과학의 사실과 이론을 연구에 반영하지 않는다면, 인문학은 현실에서 멀어질 수밖에 없다. 어떤 분야든 적응에 실패하면 위기에 봉착한다. 인문학이라고 예외겠는가?

과학자는 물리법칙에 입각해 생명 현상을 이해하고 진화의 관점에서 인간과 사회를 설명한다. 인간의 몸은 입자의 집합이니 당연히 물리법칙을 따른다. 모든 생명체가 그렇듯 인간도 진화의 산물이다. 하지만 그렇다고 해서 과학으로 인간과 사회를 다 설명할 수 있는 건 아니다. 원자는 생각하지 않지만 원자의 집합인 인간은 생각한다. 사람은 유전자가 만든 생존기계인데도 때로 본능을 거스른다. 본성을 알고 욕망을 제어하며 스스로 삶의 방식을 결정한다. 인간을 이해하려면 과학뿐만 아니라 인문학도 필요하다. 과학이 더 발전해도 인문학은 인문학의 길을 갈 것이다. 하지만 지금의 형식과 내용 그대로는 아니다.

사람들은 인문학을 무시하기도 하고 인문학에 과도한 기대를 걸기도 한다. 망상에 가까운 예찬론을 펼치는 사람도 있다. 무시하는 이들은 인문학을 쓸데없는 짓이라고 말한다. '인문학은 진리인지 여부를 판별할 객관적 기준이 없다. 생산력 향상에 도움 되지 않는다. 인문학 전공자에 대한 시장 수요가 줄어든 현실에 맞추어 고등교육을 과학과 공학 중심으로 바꾸어야 한다. 과학혁명의 시대에 인문학이 무슨 쓸모가 있느냐.' 인문학이 인간을 구원한다고 주장하는 이들은 정반대 논리를 펼친다. '세계의 위대한 정치 지도자는 모두 인문학을 깊게 공부했다. 인공지능이 할 수 없는 인문학을 공부해야 4차 산업혁명 시대에 생존할 수 있다. 스티브 잡스나 빌 게이츠를 비롯해 정보통신혁명을 주도한 기업인과 엔지니어들은 인문학을 공부한 덕에 필요한 상상력을 키울 수 있었다. 인문학은 인격의 성숙에 도움이 될 뿐만 아니라 세속의 성공도 가져다주는 만능열쇠.'

어느 쪽이 맞을까? 둘 다 틀렸다고 본다. 인문학은 생존의 도구가 아니라 우리 자신을 이해하려고 만든 학문이다.

그럴법한 이야기와 확실한 진리

생산력 발전을 도모하거나 경쟁에서 승리하는 것은 인문학과 관계가 없다. 진화와 정신에 관한 과학자들의 연구에 따르면 인간의 뇌는 유전자가 생존을 위해 만든 기계다. 그런데 그 기계가 자신은 무엇인지, 왜 존재하는지, 자신의 삶에 어떤 의미를 부여할지 생각하고 고민한다. 인문학의 어려움은 여기에서 비롯했다. 생존을 위해 만든 기계가 자기 자신을 이해하려고 하니 잘되기가 어렵다. 생물학자 윌슨Edward Wilson(1929~2021)은 그 문제를 이렇게 표현했다.

우리의 뇌는 생존에 필요한 것은 밝게 비춰 보지만 그렇지 않은 것에는 관심이 없다. 그래서 객관적 진리보다는 신화와 자기기만과 부족의 정체성처럼 '적응의 이익'이 있는 것을 열광적으로 받아들였다. 자신이 어떻게 작동하는지 모른 채 수천 세대를 이어가며 번식했다. 과학이 제공하는 사실을 모르면 우리의 마음은 세계를 일부밖에 보지 못한다.[5]

5 이 문장은 『통섭: 지식의 대통합』(에드워드 윌슨 지음, 최재천·장대익 옮김, 사이언스북스, 2005) 184쪽을 요약한 것이다. 통섭이나 융합 같은 말이 크게 유행한 시기는 지나갔지만 학문의 지나친 세분화로 인한 지식의 파편화를 비판하는 목소리는 여전하다. 과학과 인문학을 아우르는 지식 통합의 필요성과 방법론에 관심이 있는 독자라면 일독할 가치가 있는 책이다. 이 인용문의 핵심이자 사회생물학의 중심 개념인 '적응의 이익'에 대해서는 3장에서 이야기한다.

나는 이 말이 옳다고 본다. 과학을 전혀 몰랐을 때 나는 세계를 일부밖에 보지 못했다. 타인은 물론이고 나 자신도 잘 이해하지 못했다. 지금도 전체를 보지는 못하며 인간을 다 이해하는 것 역시 아니다. 하지만 예전보다는 훨씬 많은 것을 더 다양한 관점에서 살핀다. 윌슨의 말은 과학의 토대 위에 서야 인문학이 온전해진다는 것이다. 그렇다. 과학의 사실을 받아들이고 과학의 이론을 활용하면 인간과 사회를 더 정확하게 이해할 수 있다.

인문학이 그런 노력을 게을리하거나 거부한다면? 중세 기독교 신학처럼 현실과 동떨어진 관념의 집합으로 전락할 수 있다. 현대 신학을 인문학으로 인정해야 할지에 대해서는 논쟁할 여지가 있다. 그러나 유럽 중세 신학을 인문학으로 볼 수 없다는 것은 확실하다. 유럽 중세 신학은 성서 문구에 어긋난다는 이유로 학문 연구를 탄압하고 사람을 불태워 죽인 행위를 정당화했다. 그런 이념 체계를 인문학으로 인정할 수는 없다.

2

나는 무엇인가

(뇌과학)

내가 누구인지 말할 수 있는 자는 누구인가

"너 자신을 알라." 인문학의 역사에서 가장 유명하고 오래되었을 이 문장의 저작권이 누구에게 있는지는 분명하지 않다. 소크라테스가 한 말로 알려져 있지만, 고대 그리스 델포이의 아폴론 신전에 적혀 있었다는 이야기도 있고 다른 철학자가 먼저 말했다고도 한다. 누구 말이든 어떤가. 사람들이 수천 년 동안 되뇌어 왔다는 사실이 중요하지.

이 말이 널리 퍼져 오래 전해진 데는 그만한 이유가 있다. 첫째, 사람은 자신이 어떤 존재인지 알고 싶어 한다. 모두는 아니지만 대개는 그렇다. 둘째, 자신을 알기 어렵다. 그런 노랫말 있지 않은가. "네가 나를 모르는데, 난들 너를 알겠느냐." 이 노랫말은 살짝 고치면 철학적으로 깊어진다. '내가 나를 모르는데, 넌들 나를 알겠느냐.' 또는 '네가 너를 모르는데, 난들 너를 알겠느냐.' 사람이 남을 모르는 거야 당연하다. 문제는 자기도 자신을 모르면서 남이 알아주기를 바란다는 데 있다. 그래서 인간관계가 어려워진다.

나는 누구인가? 왜 존재하는가? 산다는 것은 어떤 의미

나는 무엇인가

가 있는가? 언제가 처음이었는지는 몰라도 초등학교를 졸업할 무렵에 이런 의문을 가졌다는 것을 기억한다. 그 생각을 할 때 들었던 감정을 떠올릴 수 있다. 지금도 비슷한 감정을 느낀다. '나는 물리적 실체로 존재한다. 그런데 그 사실을 아는 나는 물리적 실체인 내가 아니다. 그 둘이 같지 않다는 것을 아는, 또 다른 내가 있다.' 이렇게 생각을 이어가면 마주선 전신거울 사이에 있는 것 같다. 무수히 많은 내가 보인다.

거울에 비친 나는 예전과 다르다. 앞으로 더 달라질 것이다. 이 문장을 쓰는 지금의 나는 세상에 와서 64년 정도 되었다. 오늘의 내가 어떤지는 정확하게 안다. 아침 작업실에서 돋보기를 쓰고 노트북을 연다. 치아를 몇 개 잃고 임플란트를 했다. 머리카락이 가늘어졌고 숱이 조금 줄었다. 펌을 하지 않으면 두피에 들러붙어 깻잎머리가 된다. 눈썹 끝이 처져 여덟팔자를 그린다. 눈 밑에 그림자가 생겼고 미간의 세로 주름이 깊어졌다. 허리 치수가 늘었고 아랫배는 D라인이 되었다. 어디를 보나 젊은 시절의 내가 아니다.

겉만 그런 게 아니라 속도 달라졌다. 남들은 몰라도 나는 안다. 주제와 내용은 아는데 저자 이름과 책 제목을 떠올리지 못하는 때가 잦아졌다. 어떤 사건과 사람에 대해 누군가와 이야기를 나누었는데, 대화했다는 사실만 기억하고 내용은 떠올리지 못하는 경우도 있다. 영화관에서 스크린을 가득 채운 주연배우 이름을 떠올리지 못해 끙끙댄다. 집중해서 글을 쓸 수 있는 시간이 짧아졌다. 예전에는 밤늦게까지 써도 문제가 없었는데 지금은 오후만 되어도 속도가 느려진다. 세상에 대한 생각, 뉴스를 보면서 느끼는 감정, 주변 사람을 대하는 태도가 달라졌다. 무엇이 어떻게 얼마나 바뀌었는지 나도 다 헤아리지 못한다.

모든 면에서 오늘의 나는 10년 전과 다르다. 한 달 전과도 같지 않다. 어제의 나와 같은지도 의문이다. 그런데도 나는 언제나 나를 나로 여긴다. 남도 나를 변함없이 나로 대한다. 의사는 예전 진료 기록을 보면서 오늘의 나를 진단하고, 국세청은 지난해 소득에 대한 세금 고지서를 올해의 나한테 보낸다. 법률적·생물학적으로는 내가 나라는 사실은 확실하게 증명할 수 있다. 손가락 지문은 흐려졌지만 형태가 달라지지는 않았다. 행정안전부 데이터베이스에 지문 정보가 들어 있다. 유전자 염기서열을 분석해 동일인임을 증명할 수도 있을 것이다.

그렇지만 철학적으로는 그렇지 않다. 나를 나로 인식하고 내 삶에 의미를 부여하는 '철학적 자아'는 달라졌고 더 달라질 것이다. 내 철학적 자아를 어떻게 특정할 것인가. 어느 시점의 내가 다른 시점의 나와 다르다면 어느 것이 나인가? 오직 현재 시점의 자아만 의미가 있다면 과거에 내가 한 일을 이유로 지금의 나를 비판하거나 칭찬하는 것은 무의미한 일이 아닌가. 도대체 나는 누구인가? 내가 누구라고 말하는 게 가능하기나 한가?

'나는 나를 알아!' 흔히 하는 착각이다. 나도 한때는 착각했다. 나는 조용한 방에서 혼자 책 읽고 글 쓰는 걸 좋아한다. 사람이 많은 곳에 가면 불편하다. 좋아하는 사람들과 맛있는 음식을 먹을 때 행복하다. 내게 잘해주는 사람도 좋지만 누구에게나 친절한 사람이 더 좋다. 부자한테 세금을 거두어 가난한 시민을 돕는 데 찬성한다. 화력발전과 핵발전을 줄이고 신재생에너지 산업을 육성하는 데 필요하다면 전기 요금을 더 낼 의향이 있다. 플라스틱 폐기물을 줄이려고 배달 음식 주문을 삼간다. 외모를 꾸미는 데 돈 쓰기를 주저한다. 기도를 들어주는 신은 없다고 생각한다. 사후 세계, 지옥과 천국, 윤회, 육체와 분리된 영혼, 구원, 영생 같은 것을 믿지 않는다. 지성을 뽐내는 사람은 부러워하지만 돈과 권력을 자랑하는 사람은 경멸한다. 내가 그런 사람이라는 걸 나는 안다. 그러면 나를 아는 것인가?

아니다. 그리 쉽다면 아폴론 신전에 써 놓았겠는가. 소크라테스라는 이름과 함께 수천 년 전해졌겠는가. 나를 온전히 알려면 인간의 본성을 알아야 한다. 그래야 내가 왜 그런지 알 수 있다. 우리가 발 딛고 선 물질세계를 이해해야 한다. 우주는 언제 어떻게 탄생했고 어떤 원리로 움직이는가? 세계는 무엇으로 이루어져 있는가? 입자가 어떻게 생명과 의식을 만들어내는가? 나는 왜 존재하는가? 왜 이런 방식으로 사는가? 우리는 어디로 가는가? 이런 질문에도 대답할 수 있어야 한다. 그래야 '나를 안다'고 할 수 있다.

'너 자신을 알라'는 말을 질문으로 바꾸면 이렇게 된다.

'나는 누구인가?' 이것은 인문학의 표준 질문이다. 그러나 인문학 지식만으로 대답하기는 어렵다. 먼저 살펴야 할 다른 질문이 있다. '나는 무엇인가?' 이것은 과학의 질문이다. 묻고 대답하는 사유의 주체를 '철학적 자아'라고 하자. 철학적 자아는 물질이 아니다. 그러나 물질인 몸에 깃들어 있다. 나를 알려면 몸을 알아야 한다. 이것을 일반 명제로 확장하면 이렇게 말할 수 있다. '과학의 질문은 인문학의 질문에 선행한다. 인문학은 과학의 토대를 갖추어야 온전해진다.'

문과인 나는 과학자들이 인간에 대해 알아낸 여러 사실을 이의 없이 받아들인다. '지구에 사는 모든 생물, 돌·흙·물·불·공기를 비롯한 모든 물질, 달과 태양과 우리 은하의 모든 별, 다른 은하를 포함해 우주 전체에 존재하는 모든 물질은 원자로 이루어져 있다. 그러나 내 몸과 똑같은 배열을 이룬 원자의 집합은 어디에도 없다. 나는 우주에 딱 하나뿐인 존재다. 물질인 내 몸을 지휘하는 제어 센터는 단단한 머리뼈 안에 들어 있는 주름진 회백색 세포 덩어리다. 나를 나로 알고 내 삶에 의미를 부여하는 철학적 자아는 우리가 뇌라고 하는 세포 덩어리에 깃들어 있다.' 옳다고 여기던 것이 그렇지 않음을 알아내는 데 과학의 매력이 있다고는 하지만, 이런 것이 사실이 아닐 가능성은 거의 없다고 생각한다.

'나는 무엇인가?' 대답은 분명하다. '나는 뇌다.' 이것은 사실을 기술한 과학의 문장이 아니라 자아의 거처를 드러내는 문학적 표현이다. 뇌는 물질이지만 철학적 자아는 물질이 아니다. 내가 뇌일 수는 없다. 그런데도 굳이 그렇게 말한 것은 뇌를 떠나서는 철학적 자아가 존재할 수 없다는 점을 강조하고 싶어서다. 소유욕부터 경쟁심, 구애 행동, 타인에 대한 공감과 연민, 예술적 창조, 낯선 것에 대한 경계, 자존감, 불안, 공포, 외로움, 복수심에 이르기까지 철학적 자아의 모든 감정과 생각은 뇌가 작동해서 생긴다. 뇌의 구조와 작동 방식을 모르고는 호모 사피엔스라는 종을 이해할 수가 없고, 호모 사피엔스의 본성을 모르면 자기 자신을 이해하지 못한다. 그래서 말한다. '나는 뇌다.'

1.4킬로그램의 우주

의과대학은 입시 경쟁이 치열하다. 어느 나라나 다 그렇다. 보수와 사회적 대우가 좋아서다. 경쟁이 치열하니 의사가 되는 게 쉽지 않다. 의대에 들어가기 어렵고, 대학에서도 치열한 성적 경쟁을 해야 한다. 대학을 마친 뒤에도 전공 선택을 두고 경쟁한다. 우리나라에서 성형외과와 피부과가 인기 전공이 된 지는 오래다. 응급 진료가 없어서 일이 덜 힘들고 돈벌이가 잘돼서 그렇다고 한다. 요즘은 영상의학과의 인기가 높아졌다. MRI(자기공명영상)·PET(양전자단층촬영)·CT(전산화단층촬영) 같은 정밀 진단장비 때문이다. 그런데 신경정신과는 왜 인기 전공이 되었을까. 문과에서 심리학과가 뜬 것과 같은 이유에서다.

요즘 대중의 '최애과학'은 뇌과학이다. 사람들은 두 가지 목적으로 뇌과학 책을 읽는다. 첫째는 생존이다. 태교부터 자녀 학습 지도와 외국어 능력 향상에 이르기까지, 생존 경쟁에 필요한 지적 능력을 기르는 데 도움이 될 것 같아서 뇌과학을 공부한다. 둘째는 자기 이해다. 자신의 성격과 기질을 파악하고 다른 사람의 행동을 이해하는 데 뇌과학은 도움이 된다. 대학에서는 이과 문과로 갈라져 있지만 정신의학과 심리학은 뇌과학을 토대로 삼는다는 공통점이 있다. 뇌과학을 알면 생존과 자기 이해에 도움이 될까? 생존에는 어떤지 모르겠지만 자기 이해에는 확실히 유용하다. 과학자들이 뇌의 물리적 구조와 작동 방식에 대해 알아낸 사실 가운데 중요한 것을 간단히 추려 보았다.

사람 뇌는 한 순간도 쉬지 않고 일한다. 그래서 1.4킬로그램 안팎으로 평균 체중의 2퍼센트밖에 되지 않는데도 혈액의 25퍼센트와 에너지의 20퍼센트를 쓴다. 사람만큼 뇌가 발달한 동물은 없다. 뇌의 주름을 펴면 쥐는 우표한 장, 원숭이는 엽서 한 장, 사람은 신문지 한 장 정도다. 주름진 뇌의 안쪽은 밝고 바깥쪽은 어두워서 각각 '백색질'과 '회색질'(또는 대뇌피질)이라고 한다. 회색질에는 신경세포(뉴런neuron)의 중심인 세포체가 밀집했고 백색질에는 축삭돌기가 퍼져 있다. 대뇌피질은 두께가 4밀리미터도 안 되지만 형태와 기능이 다른 신경세포가 여러 층을 이루고 있다. 뇌신경세포도 다른 세포처럼 핵과 미토콘드리아 같은 소기관이 있고 DNA 정보를 번역해 단백질을 만든다. 세포체 크기는 보통이지만 축삭돌기는 1미터 넘는 것도 있어서 뇌와 발가락을 신경세포 2개로 연결한다.[1]

뇌는 약 860억 개의 신경세포가 얽힌 정글이다. 뉴런마다 줄기인 축삭돌기 하나와 많은 수상돌기(가지돌기)가 있는데, 수상돌기로 다른 뉴런의 정보를 받아들이고 축삭돌기로 정보를 내보내면서 100조 개 넘는 연결망을 만든다. 한 뉴런의 돌기와 다른 뉴런의 돌기는 물리적으로 떨어져 있으면서 사이의 빈 공간인 시냅스에서 화학물질을 주고받아 교신한다. 뉴런은 서로 연결함으로써 사람의 생각과 행동을 유발하고, 사람의 생각과 행동은 뉴런의 연결 패턴에 영향을 준다.[2]

1   뇌의 기본 구조는 『1.4킬로그램의 우주, 뇌』(정용·정재승·김대수 공저, 사이언스북스, 2014) 19~28쪽과 79쪽을 참고해 서술하였다. 여기서 1.4킬로그램은 평균적인 유럽 남자를 전제로 했음을 지적해 둔다. 1.4킬로그램이 아니라 체중의 2퍼센트가 더 의미 있는 정보일 수 있다는 말이다. 아시아인과 여성은 유럽 남자보다 체중이 덜 나가고 뇌의 무게도 더 적다.
2   뉴런의 연결망에 대해서는 『뇌, 1.4킬로그램의 사용법』(존 레이티 지음, 김소희 옮김, 21세기북스, 2010) 33~34쪽을 참고해 서술하였다.

뇌는 부위마다 하는 일이 다르다. 예컨대 귀 안쪽의 해마는 기억을 담당하고 이마 쪽 전전두엽은 의사 결정에 관여한다. 뒤통수 쪽 후두엽은 시각정보 처리에 중요한 역할을 하고 측두엽 안쪽에 있는 편도체는 공포 반응과 주의 집중에 관련된 여러 부위에 신호를 보낸다. 뉴런이 100조 개의 연결망을 통해 만들어내는 연결의 수가 헤아릴 수 없을 만큼 많은데도 부위에 따라 기능이 다른 것은 뉴런의 종류·구성·연결형태·정보처리 방식이 같지 않기 때문이다.

소위 '4차 산업혁명' 시대를 맞아 뇌과학은 대중의 관심을 한몸에 받고 있다. 최신 연구 성과를 소개하는 책이 서점가에 넘쳐난다. 앞서 요약해 보인 수준의 정보는 어느 정도 관심 있는 독자라면 다 알 것이다. 그렇지만 우리는 뇌의 기본 구조와 작동 방식을 초보적으로 파악했을 뿐이다. 신경세포의 존재와 기본 특성은 150년 전에 알아냈지만 뉴런의 종류와 교신 방식은 20세기가 끝날 무렵에 처음 알았다. 살아 있는 사람의 뇌는 들여다볼 방법이 없어서 오랫동안 수수께끼로 남아 있었다. 사람의 뇌를 스캔할 수 있는 MRI와 PET 기술을 확보하고 나서야 뇌 연구를 본격 시작했다. 하지만 우리는 아직 거대한 퍼즐의 조각 몇 개를 겨우 손에 넣

860억 개는 사람의 뇌에 있는 뉴런 수의 평균이다. 과학자들은 일정한 넓이의 뇌 조직에 뉴런이 몇 개 있는지 확인하고 그것을 근거로 860억이라는 통계적 평균을 산출했다.

나는 무엇인가

었을 뿐이다.

아리스토텔레스는 뇌과학의 역사에도 등장한다. 플라톤의 제자였고 마케도니아 왕 알렉산드로스의 과외교사였던 그는 인류 역사의 가장 두드러진 '인문학 천재'다. 국가론부터 윤리학·철학·수사학과 문예이론까지 당대 인문학의 모든 주제에 대해 경청할 가치가 있는 글을 썼다. 그의 철학과 이론은 2,000년 넘는 세월 동안 서구 문명권의 지식인을 사로잡았고 헤아릴 수 없이 많은 추종자를 거느렸다. 그런데 하지 않았더라면 좋았을 일도 적지 않게 했다. 물리학·천문학·화학·동물학·의학 등 과학 분야에 관해 글을 쓴 것이다. 틀린 견해를 말하는 게 잘못은 아니다. 일부러 그랬을 리도 없다. 그때는 과학이 발전하지 않아서 그렇게 생각할 수 있었다. 맞는지 틀리는지 검증할 방법도 없었다.

케플러와 갈릴레이를 비롯해 과학혁명 여명기의 과학자들은 너나없이 아리스토텔레스의 이론과 싸워야 했다. 진리가 아닌 견해를 말했다고 비난할 수는 없다. 문제는 아리스토텔레스의 지적 권위 때문에 너무 오래 틀린 주장이 진리로 여겨졌다는 것이다. 뇌에 관해서도 그는 명백하게 틀린 주장을 했다. 동시대의 의사들은 즐거움과 유쾌함이 비탄이나 눈물과 마찬가지로 모두 뇌에서 일어난다고 단언했지만 아리스토텔레스는 쾌락과 고통을 포함한 감각이 모두 심장에서 비롯한다는 견해를 굽히지 않았다.[3] 생리학자들이 신경세포의 존재와 작동 원리를 확인한 19세기 중반까지 '심장설'은 지배적 학설로 군림했다.

신경세포와 경제법칙

과학은 종종 인문학을 잘못된 곳으로 인도했다. 과학자의 잘못은 아니다. 인문학자들이 과학의 사실을 오해하거나 과학 이론을 오용한 탓이다. 앞에서 경제학의 한계생산력분배이론을 대표 사례로 꼽은 이유를 말하겠다. 경제학개론 교과서는 보통 소비자행동이론으로 시작하는데, 그 핵심은 '한계효용 체감의 법칙'이다. 내용은 간단하다. 어떤 소비자가 같은 재화의 소비량을 계속 늘려 나가면 마지막 한 단위를 소비해서 얻는 쾌락의 양이 점차 줄어든다는 것이다. 세 경제학자가 각각 비슷한 시기에 발견했다는 이 법칙에 대해서 자세히 알고 싶으면 도서관에 있는 경제학개론 교과서를 아무거나 펼치면 된다. 어느 책이나 똑같으니까.

　하지만 이것은 '법칙'이 아니라 신경세포의 작동 방식과 특성을 드러내는 '현상'일 뿐이다. 과학자는 그런 것을 법칙

3　뇌에 관한 고대 그리스 사람들의 생각은 『뇌 과학의 모든 역사』(매튜 코브 지음, 이한나 옮김, 심심, 2021) 42~45쪽을 참고해 서술하였다. 뇌에 대한 관념과 지식의 발전 과정을 추적한 이 책은 사실을 담은 역사서이자 학술 정보를 제공하는 뇌과학 교양서다. 문장은 명료하고 서술 방식은 드라마틱하다.

이라고 하지 않는다. 19세기 중반 헬름홀츠Hermann von Helmholtz (1821~1894)를 비롯한 여러 과학자들이 신경세포를 발견하고 작동 방식을 일부 파악했다.[4] 같은 종류 같은 강도의 자극을 계속 가하면 신경세포가 점점 둔감하게 반응한다는 것은 지금은 상식이지만 당시에는 새로운 정보였다. 후각 신경세포가 특히 그렇다는 사실을 우리는 경험으로 안다. 신경세포는 도대체 왜 그러는 걸까. 생존에 유리해서다. 이 현상은 우리의 뇌가 생존을 위해 조합한 기계라는 사실을 분명하게 확인해 준다.

생물은 외부 환경의 변화를 신속·정확하게 인지해 최적 대응을 해야 생존할 수 있다. 호모 사피엔스도 그렇다. 우리의 감각기관은 외부 환경 변화를 담은 정보를 매순간 뇌에 전송한다. 눈으로 보고 귀로 듣고 코로 맡고 혀로 느끼고 피부로 접촉하는 모든 것에 관한 데이터는 엄청나게 양이 많다. 데이터를 최대한 신속하게 접수하고 분류하고 평가해 신체기관이 적절한 행동을 하게 하려면 효율적으로 일해야 한다. 대응이 느리면 목숨을 잃을 수 있기 때문에 뇌는 선택하고 집중한다. 이미 아는 정보가 아니라 새로운 정보를 중시한다.

악취 나는 '푸세식 변소'에 들어간다고 하자. 노지낚시

<hr>

4   헬름홀츠는 열역학·전기역학·열화학·유체역학 등 물리학의 여러 분
     야에서 중요한 업적을 남겼는데 물리학을 본격 연구하기 전에 시각
     과 청각을 연구하는 신경생리학 분야를 개척했다. 어려운 환경을 딛
     고 일어난 '자수성가형 과학자'의 대표 인물이라 할 수 있다.

를 즐기는 나는 종종 그런 변소를 쓴다. 후각 신경세포가 공기 중의 특정한 화학물질 분자에 대한 데이터를 전송하면 뇌는 불쾌함을 느끼도록 정보를 처리한다. 하지만 그렇다고 해서 그곳을 즉각 벗어나라고 하지는 않는다. 배설을 담당하는 쪽에서 시급히 해결해야 할 업무가 있다는 신호를 보내기 때문이다. 뇌는 모든 정보를 종합해 적절한 결정을 내린다. 밖에 사람이 없는지 확인하고 변소 문을 살짝 열어 악취를 조금이라도 내보내면서 최대한 빨리 긴급한 업무를 마치고 그곳을 벗어나도록 눈과 손과 아랫배 등에 지시한다. 이때 뇌는 후각세포가 보내는 정보를 최대한 무시한다. 그래서 나는 그 문제를 해결하는 동안 악취를 덜 느낀다. 뇌가 불쾌한 일만 그런 식으로 처리하는 건 아니다. 좋은 것도 똑같이 한다. 아이스크림 첫 한 입이 가장 달콤하고 맥주 첫 한 모금이 제일 시원한 데는 그만한 이유가 있다.

경제학자들이 이런 현상을 '법칙'이라고 한 것은 과학이 부러워서였다고 양해하자. 그러나 그것을 경제행위의 모든 영역에 적용해 소위 '한계주의限界主義(marginalism) 혁명'을 일으킨 것은 너무 멀리 나간 행위였다. 그 혁명은 경제가 아니라 경제학만 바꿨다. 경제학은 경제학자 말고는 아무도 이해하지 못하는 학문이 되어 현실에서 멀어졌다. 미적분학으로 무장한 '신고전파 경제학자'들이 경제학의 중심 무대를 장악했고, 스미스의 『국부론』 이후 국부 증진 방법과 소득 분배 문제를 중심 의제로 삼았던 '고전파 경제학'은 후미진 객석으로 밀려났다. 혁명을 완성한 신고전파 경제학자들은 1929년 10월 뉴욕 증권거래소에서 터진 주가 폭락 사태가 대공황으로 번져 세계 경제 전체를 나락에 빠뜨렸는데도 사태의 발생 원인을 찾아내지 못했다. 적절한 치료법을 제시할 수도 없었다.

'한계효용 체감의 법칙'은 '한계효용 균등의 법칙'을 낳았다. 최대한 간단하게 설명해 보겠다. 어떤 소비자가 A와 B라는 두 가지 재화만 소비한다고 가정하자. 주어진 예산으로 최대 효용을 얻으려면 화폐 한 단위로 구입할 수 있는 두 재화의 한계효용이 같도록 소비량을 조합하면 된다. 화폐 한 단위로 구입할 수 있는 A의 한계효용이 B의 한계효용보다 클 경우 A 소비량을 늘리고 B 소비량을 줄이면 총 효용을 늘릴 수 있다. 반대인 경우에는 A 소비량을 줄이고 B 소비량을 늘리면 된다. 재화가 n가지라 해도 이 법칙은 성립한다. 화폐 한 단위로 구입할 수 있는 n가지 재화의 한계효용이 모두 같도록 소비량을 조합하면 주어진 예산으로 최대 효용을 얻을 수 있다.

경제학자들은 초보적인 미분학으로 상품 수요곡선을 도출해 수학을 모르는 사람도 직관적으로 알 수 있게 했다. 세로축에 상품의 가격을 표시하고 가로축에 수요량을 표시한 직교좌표 평면에서 우하향하는 곡선을 그린 것이다. 여기서 인간은 인간이 아니라 수요자다. 수요자는 모든 시장 정보를 알고 있으며 빛과 같은 속도로 계산해서 주어진 예산으로 최대 효용을 얻어낸다. 한계효용 체감의 법칙은 경험적·논리적으로 타당하다. 신경세포의 작동 방식이라는 물질의 근거도 있다.

　문제는 거기서 멈추지 않고 경제학을 물리학처럼 보이도록 개조한 데 있다. 신고전파 경제학자들은 동일한 수학모형을 경제 현상의 모든 영역에 적용했다. 그래서 소비자행동이론을 이해하면 생산자행동이론도 쉽게 알 수 있다. 소비자를 생산자로 바꾸고, 두 재화를 노동과 자본이라는 두 생산요소로 대체하며, 한계효용 자리에 한계생산력을 넣고, 효용 극대화를 이윤 극대화로 바꾸면 된다. 소비자는 효용 극대화 자동기계, 생산자는 이윤 극대화 자동기계다. 소비자는 두 재화의 소비량을 최적화해 효용을 극대화하고, 생산자는 자본과 노동의 투입량을 최적화해 이윤을 극대화한다.

　이론은 이렇다. 생산자가 노동 투입량을 고정하고 자본 투입량을 계속 늘리면 마지막으로 투입한 자본 한 단위로 인해 증가한 생산물은 점차 감소한다. 자본 투입량을 고정하고 노동 투입량을 늘려 나가는 경우에는 마지막으로 투입한 노동 한 단위로 인해 증가한 생산물이 점차 감소한다. 이것이 '한계생산력 체감의 법칙'이다. 경제학자들은 '한계효용 체감의 법칙'에서 상품의 수요곡선을 도출한 것과 똑같은 방법으로 '한계생산력 체감의 법칙'에서 상품의 공급곡선을 유도했다. 공급곡선은 세로축에 상품의 가격을 표시하고 가로축에 공급량을 표시한 직교좌표 평면에서 우상향한다.

경제학원론 강의를 들어본 사람이라면 다 알 것이다. 소비자행동이론의 중심 개념인 무차별곡선·예산제약선·한계대체율은 생산자행동이론의 중심 개념인 등량선·등비용선·한계기술대체율과 수학적으로 완전히 같다. 두 이론을 합치면 수요곡선과 공급곡선이 교차하는 곳에서 상품의 가격과 거래량이 결정된다는 가격결정이론이 나온다.

분배법칙도 같은 방식으로 제조했다. 사회의 생산물은 누군가의 소유가 된다. 그 누군가는 생산요소를 제공한 사람이다. 자본가는 자본을, 노동자는 노동을 제공한다. 시장은 어떤 기준으로 생산물을 배분하는가? 자본과 노동이 각자 생산에 기여한 만큼 자본가와 노동자에게 나누어 준다면? 정당한 분배인지를 두고 다툴 수는 있겠지만 최소한 부당하다고는 할 수 없다. 미국 컬럼비아대학 경제학 교수 클라크는 1899년 출간한 『부의 분배』The Distribution of Wealth라는 책에서 자본주의는 정확히 그런 기준에 따라 소득을 분배한다는 '한계생산력분배이론'을 발표했다.

그 이론에 따르면 노동의 가격인 임금과 자본의 가격인 이자율은 생산에 들어간 노동과 자본의 한계생산력과 일치한다. 노동자와 자본가는 노동과 자본이 생산에 기여한 만큼 생산물을 나누어 받는다. 여기에 잉여가치나 착취 같은 개념이 끼어들 여지는 없다. 기술혁신도 독과점도 수출입도 노동조합도 담합도 허위 정보도 없는 '완전경쟁시장'을 가정하고 만든 클라크의 이론은 수학적으로 완벽했다. 미분학과 기하학으로 서술하고 연출한 증명 과정과 결과는 소득분배의 정의로움과 수학의 아름다움을 동시에 보여주었다.

하지만 한계생산력분배이론은 '틀렸다'. 인문학 이론은 틀렸다고 확언하기 어려운 게 보통이지만 이건 예외다. 클라크가 수학으로 타당성을 증명했던 그 이론이 오류임을 다른 사람이 수학으로 증명했기 때문이다. 영국 케임브리지대학교의 도서관 직원이자 경제학 강사였던 이탈리아 사람 스라파Piero Sraffa(1898~1983)는 1960년 발표한 소책자『상품에 의한 상품생산』Production of Commodities by Means of Commodities에서 한계생산력분배이론이 수학적으로 성립하지 않는다고 주장했다. 수많은 경제학자와 수학자가 참전했던 그 논쟁은 스라파의 승리로 막을 내렸다. 나는 이른바 '기술재전환'을 두고 벌였던 수학 논쟁의 세부 사항을 이해하지 못하고 결론만 받아들였다.[5] 지금은 그 이론의 오류를 경제학이 아니라 물리학의 관점에서 이해한다.

---

5   스라파 논쟁의 경위와 결과를 상세히 알고 싶으면 『E. K. 헌트의 경제사상사』(E. K. 헌트·마크 라우첸하이저 지음, 홍기빈 옮김, 시대의창, 2015) 11장과 16장을 참고하기 바란다. 내가 1980년대에 읽었던 번역서는 헌트의 단독 저서였는데 한동안 절판되었다가 공저 번역본이 새로 나왔다. 경제사를 바탕에 두고 경제사상의 역사를 서술한 이 책은 역사적 가치가 있는 이론을 깊이 있게 소개한다. 학술적 수준이 높으면서도 이만큼 읽기 좋은 경제사상사 책을 나는 알지 못한다. 경제학의 역사를 알려주는 단 한 권을 추천하라면 망설이지 않고 이 책을 선택할 것이다.

한계효용 체감의 법칙은 증명할 수 있는 사실을 담고 있다. 재화와 서비스의 '한 단위'를 물리량으로 확정할 수 있고 신경세포의 반응 강도를 측정할 수 있다. 그러나 한계생산력 체감의 법칙은 과학으로 증명할 수 없다. 생산은 물질과 노동력을 결합하는 과정이다. 거기에는 신경세포 같은 것이 없다. 생산량은 측정할 수 있는 물리량이다. 투입 노동력도 굳이 하자면 물리량으로 측정할 수는 있다. 일정한 열량을 소모하면서 일정 시간 동안 투여하는 노동을 '한 단위'로 설정하는 것이다. 실제로는 어렵지만 이론으로는 가능하다.

하지만 자본은 물리량이 아니다. 실제로든 이론으로든 '자본 한 단위'를 특정할 방법이 없다. 생산 과정에서 노동력과 결합하는 자본은 화폐가 아니라 물질이다. 조그만 나사부터 원료와 중간재와 거대한 기계장치까지 물질은 성질과 형태가 천차만별이다. 자본의 시장가격은 수요와 공급에 따라 달라지기 때문에 화폐 액수로는 '자본 한 단위'를 규정하지 못한다. 이것이 소비자이론과 다른 점이다. '화폐 한 단위로 구입할 수 있는 상품 A'는 물리량으로 확정할 수 있지만 '화폐 한 단위로 구입할 수 있는 자본'은 확정할 수 있는 물리량이 아니라는 말이다. 생산 과정에 투입하는 자본의 단위를 확정하지 못하면 한계생산력을 측정할 수 없다. 자본의 한계생산력이 이자율을 결정한다는 이론은 성립하지 않는다.

마르크스는 노동만이 가치를 창출한다는 스미스의 노동가치론을 계승했다. 노동자가 창출한 가치 중에서 임금으로 지급한 것을 뺀 '잉여가치'를, 생산수단에 대한 법적 소유권을 근거로 자본가 계급이 착취한다고 규탄했다. 한계생산력분배이론은 마르크스의 착취 이론에 대한 정면 반박이었다. 자본가와 노동자는 저마다 가진 것을 제공한 대가로 생산에 기여한 만큼 생산물을 나누어 가진다. 여기에 무슨 착취가 있으며, 계급투쟁과 사회주의 혁명이 왜 필요하다는 말인가? 시장경제 체제는 자유롭고 공정하다. 사회주의 혁명이 필연적이고 정당하다는 주장은 망상에 지나지 않는다. 클라크는 자본주의 체제가 영원히 존속할 도덕적 자격이 있음을 증명했다. 그것도 수학으로! 얼마나 매력적인가.

　내가 대학에서 수강한 정운찬 교수의 경제학원론 강의 교재는 노벨상을 받은 새뮤얼슨Paul Samuelson(1915~2009)의 『경제학』Economics이었다. 새뮤얼슨은 책 본문에 한계생산력분배이론을 상세하게 소개했다. 그런데 부록Appendix에는 그 이론이 현실을 설명하는 데 유용한 '우화'parable라고 적어 두었다. 그때는 스라파 논쟁에 대해 들은 바가 없어서 왜 그런 말을 썼는지 몰랐다. 알고 보니 새뮤얼슨이 옳았다. 한계생산력분배이론은 이론으로 성립하지 않는다. 현실의 소득분배가 그 법칙을 따른다는 증거도 없다. 그런데도 자본가와 부자들의 마음을 편안하게 만들어 주는 우화였기 때문에 오류임이 밝혀져도 교과서에 남았다. 새뮤얼슨은 수학에 능통했다. 스라파 논쟁의 내용을 다 이해했고 결론을 인정했다. 그러나 경제학에 그것 말고는 다른 분배이론이 없기 때문에 이론을 본문에 소개하고 부록에 진실을 밝혔다. 진지하고 정직한 학자라는 소문이 아주 틀리지는 않았다.

신고전파 경제학은 수학 재능을 지닌 학자들의 독무대였다. 수학을 아는 그들이 물리학을 몰랐을 리 없다. '스라파 논쟁' 전에도 경제학자들은 자본 한 단위를 확정하는 방법을 두고 기나긴 논쟁을 벌였다. 자본 한 단위를 물리량으로 확정하지 못하면 이윤과 이자의 원천을 해명할 수 없다는 것을 그들은 알았다. 그런데도 문제를 해결하지 못한 것은 능력 부족 때문이 아니라 불가능한 일이었기 때문이다. 소득분배는 이해관계를 달리하는 개인과 집단의 세력 관계, 힘을 행사할 수 있는 사회제도, 갈등을 대하는 태도, 협상과 타협을 받아들이는 문화 같은 여러 요소에 달려 있다. 어디까지나 사람의 일이라는 말이다. 사람의 일을 자연법칙의 몫으로 돌린 것 자체가 잘못이었다.

어느 대기업의 최고경영자가 직원 평균 연봉의 1,000배를 가져가는 것은 그 사람이 자기 연봉을 스스로 결정할 권한이 있기 때문이지 생산에 1,000배 더 기여해서가 아니다. 하청업체 소속 노동자가 똑같은 작업을 하는 원청 소속 노동자의 절반 수준 시급을 받는 것은 중간착취와 불평등을 허용하는 제도 때문이지 생산 기여도가 낮아서가 아니다. 한계생산력분배이론의 오류는 신경세포의 작동 원리를 물리법칙 형식으로 만들어 신경세포와는 무관한 경제현상에 적용한 데서 생겼다. 아름다운 수학을 썼다고 해서 진리가 되는 건 아니다. 그런데도 경제학자들은 여전히 그 이론을 강단에서 가르치고 대중에게 전파한다. 부자가 좋아하는 우화를 퍼뜨리면 보상이 따라온다는 것 말고는 다른 이유를 찾을 수 없다.

나는 신고전파 경제학을 신봉하지 않지만 신고전파 경제학자를 싫어하지는 않는다. 따뜻한 심성과 훌륭한 인격을 가진 학자도 있었다. 케임브리지대학교의 앨프리드 마셜 교수가 그런 사람이었다. 걸출한 경제학자인 동시에 온화한 휴머니스트였던 그는 제자들한테 "찬 이성 더운 가슴"cool head warm heart을 주문하곤 했다. 냉철한 이성으로 합리적 경제정책을 추진하되 가난한 사람들의 삶에 대해 연민을 가지라는 말이었다.

아리스토텔레스는 얼마나 대단한가. 명백한 오류임을 과학자들이 분명하게 밝혔는데도, 두뇌는 계산하고 심장이 느낀다는 관념은 지식인의 언어습관에 멀쩡하게 살아 있었다. 내가 다녔던 대학 경제학과의 과가科歌 마지막 소절 가사도 "찬 이성 더운 가슴"이었다. 심장은 그저 뛰기만 하는 근육 덩어리임을, 냉철한 손익계산도 따뜻한 연민도 모두 뇌가 하는 일임을 잘 알면서도, 우리는 왼쪽 가슴에 손바닥을 대고 그 노래를 불렀다. 나도 아리스토텔레스 추종자였다. 당연하다. 경제학은 인문학이고, 나는 문과니까.

대학 첫 학기 철학개론 시간에 칸트Immanuel Kant(1724~1804)의 인식론과 도덕법을 배웠다. 45년 넘는 세월이 흘렀어도 아인슈타인의 폭탄머리를 조금 닮았던 교수님의 헤어스타일, 야수파 초상화 같았던 표정과 팔 동작, 딱 봐도 철학자였던 옷차림을 기억한다. 서양철학을 전공했고 한국칸트학회의 회장을 지냈으며 저서를 여러 권 낸 분이었다. 학기 내내 칸트만 다루었던 그 강의는 알아듣기 어려웠지만 배운 게 없지는 않았다. 특히 칸트 철학의 핵심 개념 몇 가지는 머리에 단단히 박혔다. 정언명령定言命令(Kategorischer Imperativ), 아 프리오리a priori(先驗的), 아 포스테리오리a posteriori(經驗的), 사물 자체事物自體(Ding an sich) 같은 것이다.

난해함을 기준으로 철학의 최고봉을 정한다면 칸트는 헤겔·니체와 함께 단연 강력한 후보가 될 것이다. 칸트의 철학이 얼마나 대단한지를 두고 논쟁할 수 있다. 그렇지만 어렵다는 것만큼은 다툴 여지가 없다. 칸트의 책은 어느 하나도 수월하지 않다. 어휘는 독특하고 내용은 추상적이다. 뜻이 한눈에 들어오는 문장은 거의 없다. 칸트 연구자가 쓴 해설서도 어렵기는 매한가지다.

도덕법은 그나마 알아들을 만했다. 정언명령이라는 것을 다들 들어 보았으리라. '스스로 세운 준칙에 따라 행동하되 그 준칙이 보편적 법칙이 될 수 있게 하라.' '자기 자신을 포함하여 모든 사람을 목적으로 대하라.' 실천하기가 힘들어서 그렇지, 말 자체야 어려울 게 없다. '모두가 그렇게 할 경우 세상이 아비규환이 될 행동 준칙은 보편적 법칙이 될 수 없으니 따르지 말라.' '사람을 수단으로 이용하는 행위는 인간을 존중하지 않는 짓이니 하지 말라.' 지당한 말씀이었다.

그런데 우리는 도덕법을 어떻게 알 수 있을까? 이 질문에 대한 칸트의 대답은 지당함과 거리가 멀었다. 그는 『실천이성비판』에 이렇게 썼다. "순수이성은 그 자체만으로 실천적이고, 우리가 도덕법이라고 하는 보편적인 법칙을 (인간에게) 준다."[6] 도대체 무슨 말인가? 사람은 배우지 않아도 도덕법을 알게 된다는 뜻이다. 정말일까? 칸트는 그렇게 주장했을 뿐 증명하지 않았다. 설득력이 있을 리 없다. 나는 이렇게 생각했다. '난 교수님한테 배워서 알았지. 강의를 듣지 않았으면 지금도 모를 거야. 난 인간이 아닌가? 도대체 무슨 근거로 저런 주장을 한 것일까.'

도덕법을 안다고 해서 의미가 있는지도 의심스러웠다. '교수님은 교양과목인 철학개론 시간을 칸트 철학 하나에다 쓰시네. 우린 달달 외우는 입시공부만 하다 대학에 온 신입생이야. 철학의 핵심 문제를 전체적으로 알게 해주면 좋을 텐데. 문학개론·법학개론·경제학개론 강의도 전부 이런

---

6   임마누엘 칸트 지음, 정명오 옮김, 『순수이성비판/실천이성비판』, 동서문화사, 2007, 600쪽.

식이라면 교양 수업이 무슨 의미가 있나. 교수님은 지금 보편
적 법칙이 될 수 없는 준칙에 따라 행동하고 계신 거야. 칸트
학회 회장님도 실천하지 못하는 칸트 철학, 알아서 뭐하나.'

예나 지금이나 철학 강의실에는 운명적 문과들이 모인
다. 그러나 칸트는 운명적 문과가 아니었다. 쾨니히스베르크
대학에서 철학과 함께 수학과 물리학을 공부했다. 백과사전
에서 칸트의 생애를 찾아보면 '자연철학'natural philosophy을 공
부했다고 나온다. 과학science이라는 말이 생기기 전에는 자
연철학이 과학이었다. 칸트의 철학에는 과학이 깔려 있다.
『순수이성비판』에는 서론부터 물리학·기하학·대수학·생물
학 용어가 출몰한다. 본론 '선험적 원리론' 제1부 「선험적
감성론」은 감성·직관·개념·감각 등 용어에 대한 정의로 시
작해 아래 문장으로 이어진다. 뜻을 이해하려고 하진 마시
라. 해봤자 헛수고니까.

공간은 어떤 사물들 자체의 성질을 나타낸 것이 아니며,
그것들의 상호관계를 나타내는 것도 아니다. 다시 말해
공간은, 대상 그 자체에 부착되어 직관의 주관적 제약
(실체, 힘 등)이 모두 제거된다 하더라도 남는, 사물 자체
의 성질과 다르다. 왜냐하면, 절대적 성질이든 상대적 성
질이든, 귀속해 있는 사물의 존재에 앞서서 선험적으로
직관될 수는 없기 때문이다.
공간은 외적 감각기관이 가지고 있는 모든 현상들을 수

용할 수 있는 단순한 형식에 지나지 않으며, 바꾸어 말하면 감성의 주관적 조건인데, 우리는 이 조건 하에서만 외적 직관이 가능하다. (…)

시간은 그 자체적으로 존재하는 것이 아니며, 우리가 사물에 대한 직관의 모든 주관적 조건을 제거하더라도 여전히 사물의 객관적 성질로서 남게 되는 것도 아니다. 만약 시간이 그 자체로만 존립할 수 있다면, 현실의 대상이 없어도 현실적으로 존재하는 어떤 것이 될 것이다. 또 시간이 사물 자체에 부속된 성질 또는 질서라면 대상에 앞서 존재할 수 없으며, 종합적 명제에 의해서 선험적으로 인식되거나 직관될 수도 없을 것이다. (…)

시간은 내적 감각기관의 형식, 즉 우리 직관과 내적 상태를 감각하는 형식이다.[7]

어떤가? 문장은 철학인데 내용은 과학이다. 그래서 누구한테나 난해하다. 칸트는 당대의 첨단 과학을 공부한 철

---

7   『순수이성비판/실천이성비판』, 동서문화사, 2007, 64, 68쪽. 지극히 난해하지만 칸트의 철학이 과학을 토대로 삼고 있다는 사실을 확인하기에 안성맞춤이라 요약하지 않고 번역 문장을 그대로 발췌했다. 독자들은 번역 문장이 우리 말법에 어긋난다고 느낄 것이다. 우리나라 번역자들은 원저의 문장을 잘라서 우리 말법에 맞게 옮기는 것을 주저하는 경향이 있다. 권위 있는 학자의 책일수록 더하다. 칸트의 책은 연구자들이 오랜 검토와 토론을 거쳐 어휘와 문장을 결정한 경우가 많다는 사실을 고려해 번역서의 문장을 그대로 소개했다.

학자였다. 과학자였다면 공간과 시간을 규정하는 문장으로 『순수이성비판』의 본론을 시작했을 리 없다. 뉴턴도 공간과 시간이 무엇인지 모른다고 했는데, 칸트가 그걸 어찌 알았겠는가. 그렇지만 그가 뉴턴과 다른 견해를 편 것은 아니다. 우리가 인식하는 공간과 시간은 우리의 외적·내적 감각기관이 현상을 수용하는 형식이지 사물 자체는 아니라는 말은, 표현 방법이 달라서 그렇지, 공간과 시간이 무엇인지 모른다는 말이나 마찬가지다. 과학자는 모르는 것을 모른다고 하지만 철학자는 모른다는 말도 무언가 아는 것처럼 한다. 과학자와 인문학자는 무엇보다 그런 면이 다르다. 나는 그게 인문학의 매력이라고 생각한다. 과학으로 증명한 사실만 책에 담아야 한다면 국립중앙도서관 따위는 필요하지 않을 것이다.

칸트의 글을 해석하려면 그가 물리학과 천문학을 공부했다는 사실을 고려해야 한다. 칸트는 과학적으로 옳은 견해를 말한 경우에도 사실의 근거를 제시하지 않았다. 논리적 추론 과정을 생략한 경우도 많았다. 할 수 있는데도 하지 않았는지, 아니면 할 수가 없어서 그랬는지는 모르겠다. 어쨌든 당시의 과학으로는 칸트의 주장이 옳은지 아닌지 가릴 수 없었다. 인간이 도덕법을 그냥 안다는 주장의 옳고 그름이 드러나는 데는 200년이 걸렸다.

칸트는 인간의 인식을 '선험적'(아 프리오리)인 것과 '경험적'(아 포스테리오리)인 것으로 나누었다. 인간이 경험하지 않고도 무언가를 안다면 그럴 능력을 선천적으로 타고

나야 한다. 유전학이 발전한 오늘날에는 유전자에 그런 일을 하게 만드는 정보가 들어 있어야 한다고 표현한다. 막 태어난 아기는 숨 쉬는 방법과 젖 빠는 요령을 '아 프리오리'하게 안다. 도덕법을 알게 하는 것이 이성 그 자체의 기능이라는 칸트의 말을 달리 표현하면 이렇게 된다. '인간에게는 보편적 법칙이 될 수 없는 준칙을 거부하고 사람을 수단으로 삼는 행위를 기피하는 본능이 있다.' 문화인류학의 연구 결과에 따르면 서로 교류하지 않는 문명들에 모두 그런 규범이 있었고 지금도 있다. 살인·절도·폭행을 금지하는 법률이 대표 사례다. 진화생물학자들은 호모 사피엔스가 진화를 통해 우리가 도덕이라고 하는 사회적 본능을 획득했다고 말한다.[8] 칸트는 옳았다. 인간은 배우거나 경험하지 않아도 도덕법을 알 수 있다.

대학생 때 나는 칸트의 도덕법을 대충이라도 이해했다. 하지만 인식론은 그렇지 않았다. 교수님의 열정 넘치는 강의를 전혀 알아듣지 못했다. 칸트의 글은 난공불락難攻不落인 성과 비슷하다. '접근하면 발포함' 따위 경고문은 필요 없다.

---

8   인간이 도덕법을 선험적으로 안다는 칸트의 주장을 뒷받침하는 책으로 『우리 본성의 선한 천사』(스티븐 핑커 지음, 김명남 옮김, 사이언스북스, 2014)를 들 수 있다. 진화심리학자인 핑커는 전쟁·약탈·강간·살인과 같은 폭력의 역사를 다룬 기록과 자료를 분석해 인간이 자신의 폭력성을 억제하는 능력을 키웠다는 결론을 도출했다. 책 9장과 10장은 도덕법에 대한 칸트의 주장과 밀접한 관련이 있다.

거기 들어갈 능력이 있는 사람이 흔치 않기 때문이다. 들어가 본 칸트 연구자의 이야기를 들어도 벽을 넘기는 어렵다. 『순수이성비판』의 인식론을 해설한 글을 소개한다. 왜 도움이 되지 않는다고 하는지 이해하리라 믿는다.

우리는 주관적 감성형식(공간형식과 시간형식)과 열두 가지 범주의 사고형식을 통해 외부의 대상을 인식한다. 이런 형식이 활동하지 않고는 우리가 어떤 대상을 인식했다고 할 수 없다. 우리 주관의 형식으로 인식한 대상은 '현상'Erscheinung으로 우리의 주관과 무관하게 그 자체로서 있다고 상정하는 '사물 자체'Ding an sich가 아니다. 우리는 사물 자체를 인식할 수 없으므로 그것이 존재한다고 말할 수도 없다. 자연은 우리 주관의 형식에 따른 자연이지 주관과 관계없이도 존재하는 자연이 아니다.[9]

칸트의 글보다 문장은 간결하지만 이해가 되지 않기는 마찬가지다. 우리가 사물 자체를 있는 그대로 인식할 수 없다니, 아무리 칸트지만 아무 말이나 막 던져도 되나 싶다. 그러나 칸트는 틀리지 않았다. 정확하게 말하면, 지금은 틀리고 그때는 옳았다. 철학에 그런 게 있냐고? 있다. 칸트 시대의 과학기술 수준에서는 사물 자체를 인식할 수 없다고 보

9   최인숙 지음, 『칸트』, 살림출판사, 2005, 18~20쪽에서 발췌 요약.

는 게 타당했다. 그러나 오늘날은 그렇지 않다.

칸트는 자신의 시대를 넘어서지 못했다. 칸트만 그런 게 아니다. 어떤 천재도 자신의 시대를 완전히 넘어서지는 못한다. 칸트의 인식론은 불가지론不可知論이다. 사물이 우리의 주관과 무관하게 존재하지만 우리는 사물 그 자체를 있는 그대로 인식할 수 없기 때문에 그것이 있다고 말할 수도 없다는 것이다. 그는 자신이 무얼 알고 무얼 모르는지 알았다. 그런 점에서 남달랐다. 존경받을 자격이 있다.

칸트 철학과 양자역학

스무 살에 칸트의 인식론을 전혀 이해하지 못했던 내가 지금은 아는 것처럼 말한다. 그사이에 무슨 일이 있었나? 뇌과학과 양자역학을 얻어들었다. '배웠다'고 하기에는 변변치 않아서 '얻어들었다'고 했다. 칸트의 인식론은 칸트의 언어로 해설하기 어렵다. 연구자들의 해설서가 원저 못지않게 난해한 것은 칸트의 언어에 갇혔기 때문이다. 천재의 이론을 해석하려면 그의 시대에 없었던 정보와 지식을 동원해야 하고 그의 것과는 다른 언어를 가져와야 한다.

나는 칸트의 '감성형식'과 '사고형식'을 패턴으로 정보를 처리하는 뇌의 작동 방식으로 해석한다. 뇌는 감각기관이 보내는 정보를 특정한 패턴으로 처리함으로써 외부 환경 변화를 빠르게 인지하고 몸을 신속하게 제어한다. 그렇기 때문에 우리는 '사물 자체'를 있는 그대로 인식하지 못한다. 거기까지 칸트는 옳았다. 빛을 예로 들어 설명해 보겠다.

빛은 전자기파의 일종이다.[10] 전자기파는 전기장과 자기장이 상호 변화를 유도하면서 퍼져 나가는 파동으로, 진행 방향과 수직으로 진동한다. 초속 30만 킬로미터에 가까운 속도로 이동하는데 매우 긴 것부터 극히 짧은 것까지 파장의 길이가 매우 다양하다. 속도가 일정하기 때문에 파장이 긴 전자기파는 초당 진동수가 적고 파장이 짧은 전자기파는 진동수가 많다. 인간의 신경세포는 파장이 380~720나노미터[11]인 전자기파만 감지한다. 그것을 '가시광선' 또는 '빛'이라고 한다. 우리 뇌는 가시광선 영역의 전자기파를 파장의 길이에 따라 긴 쪽부터 '빨주노초파남보'로 인식한다. 파장이 720나노미터보다 긴 전자기파(적외선)와 380나노미터보다 짧은 전자기파(자외선)는 감지하지 못한다.

라디오와 텔레비전 방송 전파, 전자레인지의 마이크로파, 진단 장비에 쓰는 엑스선은 모두 전자기파다. 파장과

10 　빛에 대해서는 『물질의 물리학』(한정훈 지음, 김영사, 2020) 147~162쪽을 참고해 서술하였다. 이 책은 양자역학을 '발생사'의 관점에서 가르쳐 준다. 양자역학 발전에 중요한 기여를 한 실험과 이론의 내용뿐만 아니라 실험을 수행하고 이론을 만든 과학자가 어떤 사람이며 왜 그런 일을 했는지 함께 살핀다는 것이 특별한 장점이다.

11 　1나노미터는 10억분의 1미터다.

진동수가 다르지만 물리학의 관점에서는 아무 차이가 없다. 별개의 현상인 줄 알았던 전기와 자기가 서로를 유도하는 결합 현상임을 밝힌 영국 물리학자 패러데이Michael Faraday (1791~1867)와 몇 개의 방정식으로 빛이 전자기파라는 사실을 정리한 스코틀랜드 물리학자 맥스웰James Maxwell(1831~1879) 덕분에 우리는 이런 사실을 안다. 그들은 자신이 발견한 사실이 무슨 효용이 있을지 짐작하지 못했지만 전기부터 전화·라디오·텔레비전·인터넷과 휴대전화까지 우리가 쓰는 모든 전기·전자 기기는 패러데이와 맥스웰의 발견에서 비롯했다.[12]

우리는 빛이 우리 신경세포가 감지하는 영역의 전자기파임을 알면서도 전자기파나 가시광선보다는 빛이라는 말을 즐겨 쓴다. 과학적으로 정확하지는 않지만 우리가 소중히 여기는 여러 감정을 담고 있기 때문이다. 그래서 나도 특별한 사유가 없는 경우에는 가시광선 영역의 전자기파를 빛이라고 하겠다. '빛은 파동이고 입자다.' 이런 말, 다들 들어 보았을 것이다. 이 말을 어떻게 이해해야 할지는 5장에서 이야기하겠다. 다만 물 분자가 파도를 이루는 것처럼 입자가 파동을 그리며 움직인다고 해석하지는 말기 바란다. 내가 이해한 바로는 그런 게 아니다. 빛 자체가 입자이고 파동이라는

---

12   패러데이와 맥스웰이 전자기 현상을 발견하고 전자기파의 운동법칙을 발견한 과정과 결과에 대해 깊이 알고 싶은 독자는 『세계를 바꾼 17가지 방정식』(이언 스튜어트 지음, 김지선 옮김, 사이언스북스, 2016) 11장을 참고하기 바란다.

말이다. 인간은 감각기관으로 인지한 것을 언어로 표현한다. 파동인 동시에 입자인 전자기파의 성질은 눈으로 볼 수 없다. 그래서 우리에게는 그런 것을 정확하게 표현하는 언어가 없다.

빛이 입자이고 파동이라는 말을 그냥 받아들이되 여기서는 입자라는 사실에 집중하자. 모든 입자가 그런 것처럼 빛도 일정한 양의 에너지가 있다. 태양이 내뿜은 빛의 에너지는 지구에서 공기를 만나 열에너지로 바뀐다. 우리가 햇볕이 따스하다고 느끼는 것은 빛 자체가 따뜻해서가 아니라 빛이 공기를 데우고 우리가 따뜻해진 공기와 접촉하기 때문이다. 진공에서도 '빛의 속도'로 달리는 빛은 어떤 대상을 만나면 자신의 에너지를 아무 대가도 받지 않고 덜어 준다. 이 현상을 우리는 복사輻射(radiation)라고 한다.

그런데 빛은 또한 파동이고 파장에 따라 에너지가 다르다. 독일 물리학자 플랑크Max Planck(1858~1947)는 빛의 에너지를 파장별로 측정하는 과정에서 빛에는 불연속적으로 변화하는 에너지 값을 가진 진동자가 있다고 추측했다. 진동수에 작은 상수를 곱하는 방식으로 빛의 에너지를 알아냈다. 그 상수는 6.6260755를 10^{34}로 나눈 극히 작은 값이다. 발견한 사람의 이름을 따서 '플랑크 상수'라고 한다. 플랑크는 빛의 복사가 불연속적인 에너지 덩어리의 방출·전달·흡수 현상이라는 사실을 밝혔다. 그가 발견한 불연속적인 에너지 덩어리가 바로 '양자'量子(quantum)다.

빛의 복사는 물체에 작용하는 힘과 운동의 관계를 설명하는 고전역학classical mechanics으로는 다룰 수 없는 현상이었다. 플랑크가 발견한 현상을 설명하고 원자를 구성하는 입자의 운동을 설명할 수 있는 새로운 물리학이 필요했다. 그것이 바로 양자역학量子力學(quantum mechanics)이다. 플랑크의 발견은 아인슈타인과 프랑스 물리학자 드브로이Louis de Broglie(1892~1987)의 연구를 거쳐 오스트리아 과학자 슈뢰딩거 Erwin Schrödinger(1887~1961)의 파동방정식으로 결실을 맺었다.[13] 독일 정부는 막스 플랑크가 얼마나 자랑스러웠는지 수십 개의 분야별 과학연구소에 그의 이름을 붙였다.

칸트의 인식론으로 돌아가자. '우리는 빛이라는 사물 자체를 있는 그대로 인식하지 못한다. 따라서 그것이 있다고 말할 수도 없다.' 맞는 말인가? 그렇다. 파장 380~720나노미터 영역의 전자기파가 물방울을 만나 굴절한 것을 우리는 무지개라고 한다. 뇌가 특정한 파장 영역의 전자기파에 대한 정보를 각각 다른 패턴으로 처리하기 때문에 우리는 무지개를 일곱 색깔로 본다. '사물 자체'는 굴절한 파장 380~720나노미터 영역의 전자기파이고, 일곱 색깔 무지개는 우리의 감성형식으로 질서를 부여한 '현상'이다. 둘은 같지 않다. 우

13　막스 플랑크의 연구가 양자역학의 탄생에 미친 영향은 『세계를 바꾼 17가지 방정식』(이언 스튜어트 지음, 김지선 옮김, 사이언스북스, 2016) 14장을 참고해 서술하였다.

리는 무지개를 볼 뿐 '파장 380~720나노미터 영역의 전자기파'는 보지 못한다. 따라서 그런 것이 있다고 말할 수도 없다.

어디 빛만 그런가. 물질은 모두 원자의 집합이다. 원자는 양성자와 중성자와 전자를 비롯한 여러 입자로 이루어진다. 얼음과 물과 수증기는 각각 다른 '현상'으로 보이지만 '사물 자체'는 모두 동일하다. 산소 원자 하나와 수소 원자 두 개가 전자 두 쌍을 공유하는 분자화합물이다. 이 분자화합물이 생명을 만들어낸 경위는 4장에서 이야기하겠다. 물은 온도에 따라 분자의 활동성이 달라서 고체·액체·기체로 바뀌는 상전이相轉移(phase transition) 현상을 일으키지만, 물 분자 사이의 간격이 넓어졌을 뿐 '사물 자체'가 달라진 건 아니다. '내가 보고 만지는 이 탁자는 우리의 감성형식이 질서를 부여한 현상에 지나지 않아. 사물 자체가 아니야!' 그때 그 교수님이 손바닥으로 탁자를 내리치면서 했던 말을 나는 이제야 이해한다. 그분이 정확하게 그런 뜻으로 말했는지는 모르겠지만.

사람만 주관적 감성형식이 있는 게 아니다. 뇌를 가진 동물은 다 저마다의 감성형식이 있다. 그 사실을 알면 칸트의 불가지론을 더 확실하게 이해할 수 있다. 박쥐가 좋은 예다. 앞을 보는 박쥐 종도 있지만 어떤 종은 빛을 전혀 감지하지 못한다. 그런데도 특유의 주관적 감성형식으로 외부 환경을 신속·정확하게 파악한다. 박쥐는 자신이 쏜 초음파가 대상에 부딪쳐 되돌아오는 것을 감지해 뇌에서 외부 세계의 이미지를 만든다. 밤에 곤충을 사냥할 때는 초당 200회씩 이미지를 조합한다. 사람이 눈으로 사물을 보는 것처럼 박쥐는 소리로 사물을 보는 것이다. 아래는 지어낸 이야기인데, 칸트의 인식론과 맞닿아 있어서 소개한다.

박쥐처럼 사물을 보는 지성적 생물이 있다. 그들은 빛을 이용하는 군사기술을 개발하려고 인간을 연구하다가 자신들에 비하면 귀머거리나 다름없는 인간이 반사광을 이용해 뇌에서 외부 세계의 영상을 실시간으로 조합한다는 사실을 발견하고 경악했다. 광선을 이용하면 음파를 쓰는 것보다 더 안전하고 효과적으로 날아다닐 수 있다는 것을 이론으로는 알고 있었다. 하지만 인간이라는 변변치 않은 동물이 그런 계산을 빛의 속도로 해낸다는 사실은 믿기 어려웠다.[14]

동물이 경험하는 세계의 형태는 뇌의 정보처리 방식에 따라 달라진다. 우리의 뇌가 빛의 파장 차이를 색깔 차이로 처리하는 것처럼 박쥐의 뇌는 음파의 파장 차이를 나름의 방식으로 처리한다. 인간과 박쥐는 주관적 감성형식이 달라

---

14 박쥐와 인간의 상이한 감성형식의 차이와 그에 대한 해석은 『눈먼 시계공』(리처드 도킨스 지음, 이용철 옮김, 사이언스북스, 2004) 51 ~74쪽에서 가져왔다. 창조론의 일종인 '지적 설계론'을 비판한 이 책은 『이기적 유전자』 못지않게 재미있다.

서 동일한 '사물 자체'를 각각 다른 '현상'으로 인식한다. 칸트는 옳았다. 그러나 여기까지만 옳았다. 그의 시대에는 망원경만 있었고 현미경이 없었다. 고전역학은 있었지만 양자역학은 없었다.

칸트는 인간의 지적 잠재력과 과학혁명의 위력이 얼마나 대단한지 몰랐다. 인간이 감각기관으로 포착하지 못하는 대상을 인지할 수 있다고는 생각하지 않았다. 분자·원자·전자 같은 미시입자는 우리의 감각기관으로 인지할 수 없다. 따라서 그런 것이 존재한다고 말할 수도 없었다. 하지만 지금은 다르다. 우리는 무지개라는 현상의 '사물 자체'가 무엇인지 안다. 그 둘이 왜 그리고 어떻게 다른지도 안다.

칸트 선생이 현대의 뇌과학과 사회생물학과 양자역학을 안다면 이렇게 말할 것이다. '나는 이제야 내 철학의 옳고 그름을, 나와 내 시대의 한계가 어디쯤이었는지를 안다.' 어렵게 말하는 인문학자를 나는 좋아하지 않는다. 칸트는 그런 인문학자 리스트의 맨 위에 있다. 하지만 나는 그를 존경한다. 우리가 무엇을 알고 무엇을 모르는지 깊이 탐구한 것만으로도 존경하기에 충분하다. 시대를 초월하지 못한 것은 잘못이 아니다.

자아를 찾아라. 인격을 닦아라. 정체성을 지켜라. 살면서 이런 충고 받아보지 않은 이는 없을 것이다. '자아', '인격', '정체성'은 무엇인가. 일단 물질은 아니다. 사람의 몸을 해부해 샅샅이 뒤져도 그런 것은 나오지 않는다. 원자 단위까지 쪼개도 헛일이다. 그런데도 우리는 그런 것이 있다고 믿으면서 자신과 타인을 대한다. 인문학자는 그런 것이 있다는 전제를 두고 인간과 사회를 연구한다. 그런 믿음이 없었다면 인문학은 생겨나지 않았을 것이다.

사람은 저마다 인격과 정체성이 있다. 가치관·개성·기질·취향이 다르다. 그 모든 것을 지닌 삶의 정신적 주체를 '자아'自我라고 하자. 사람은 외모만 다른 게 아니라 자아도 다르다. 한 사람의 자아는 사는 동안 계속 달라진다. 물질은 아니지만 물질에 깃들어 있다. 내 몸이 없으면 자아도 없다. 그렇다면 자아는 내가 만드는 것인가, 아니면 내 취향이나 선택과 무관하게 주어지는 것인가? 인문학은 여러 대답을 내놓았지만 대세는 전자였다. 동서고금의 철학자들은 '바람직한 인간상'을 제시하고 그런 사람이 되기 위해 내면을 갈고닦기를 권했다. 그 권고를 잘 실천하는 사람을 '성인군자'聖人君子의 반열에 올렸다.

우리는 사람마다 자아가 다르다는 것을 안다. 자신과 타인이 어떤 사람인지 파악하려고 애쓴다. MBTI 테스트가 유행한 것도 다 그래서다. 사람은 정말이지 서로 다르다. 같은 종인지 의심스러울 때가 있을 정도다. 한겨울에 길고양이한 테 물과 먹이를 주는 사람이 있는가 하면 몰래 길고양이를 붙잡아 학대하고 죽이는 사람도 있다. 어떤 부모는 거리의 환경미화원을 가리키면서 아이한테 저분들 덕에 우리가 깨 끗하게 산다고 말하지만 어떤 부모는 너도 공부 안 하면 저 렇게 된다고 겁을 준다. 돈이 많아도 티를 내지 않는 사람이 있는가 하면 큰부자도 아니면서 돈 자랑을 일삼는 사람도 있다. 어떤 이는 옳고 그름을 기준으로 삼고 살지만 어떤 이 는 자신에게 이로운지 여부를 먼저 따진다. 남에게는 엄격하 고 자신에게만 관대한 사람이 있고 자신에게는 엄격하지만 남에게는 관대한 사람도 있다.

진지하게 인문학을 공부하는 독서모임의 게시판과 부 동산카페 게시판을 비교해 보라. 호모 사피엔스의 모든 개체 를 같은 종으로 간주하는 생물학의 분류 기준에 이의를 제 기하고 싶어질 것이다. 하지만 두 커뮤니티의 회원게시판을 주름잡는 두 닉네임이 한 사람의 것일 가능성도 배제할 수 는 없다. 사람의 자아는 각자 다를 뿐만 아니라, 한 사람의 자아 안에도 서로 다른 여러 면이 있다. 모든 자아는 복잡하 고 변덕스러우며 주체적이고 괴팍하다.

어떤 사람이 되어야 하며 어떻게 살아야 할지 고민하던 스물다섯 살 무렵, 우연히 『맹자』를 읽고 '4단론'四端論을 받 아들였다. 맹자는 군자君子의 미덕인 인의예지仁義禮智가 측은지심惻隱之心(여린 것을 긍휼히 여기는 마음), 수오지심羞惡之心(자신의 잘못을 부끄러워하고 남의 잘못을 미워하는 마음), 사양지심辭讓之心(자신을 낮추고 남을 배려하는 마음), 시비지심是非之心(옳고 그름을 가리려는 마음)이라는 본성에서 나온다고 했다.[15] 정답을 찾았다고 생각했다. '본성을 갈고닦아 인의예지를 갖춘 군자가 되자. 삶의 마지막 순간까지 그런 나를 지켜 나가자.' 그렇게 마음먹었다. 하지만 그런 본성이 내게 정말 있는지, 증거를 살피지는 않았다. 과학적으로 생각하는 방법을 몰랐으니까.

나는 제자백가諸子百家 중에 맹자를 가장 좋아한다. 그는 철학자라기보다는 이론가 또는 정책전문가에 가까운 전투적 지식인이었다. 효孝를 최고의 가치로 여겼고 가족의 질서를 사회 전체로 확장하려 했다는 점에서는 공자와 같은 보수주의자였지만 혁명적 변화가 필요한 영역에서는 누구보다 혁명적이었다. 역성혁명·덕치·호연지기·조세제도 등 중요한 이슈에 대해 서늘할 정도로 날카로운 논리를 폈으며, 유가의 사상을 비판하는 세력과는 치열하게 논쟁했다. 당시 큰 인기를 누린 묵가墨家와 양주楊朱의 세력을 특히 강하게 비판했다.[16]

---

15   맹자 지음, 김원중 옮김, 『맹자』, 「공손추 상6」, 휴머니스트, 2021, 122~123쪽.

16   묵가와 양주학파를 상대로 한 맹자의 사상투쟁은 『맹자, 진정한 보수주의자의 길』(이혜경 지음, 그린비, 2008) 175~190쪽을 참고해 서

맹자는 그들이 인과 의를 부정한다고 보았다. 묵가는 이기심을 모든 사회악의 근원으로 간주하고 유가의 가족중심주의가 악을 부추긴다고 비판했다. 모두가 모두를 똑같이 존중하고 사랑하며 사는 평등 세상을 지향했다. 자급자족 공동체를 형성해 모든 구성원이 생산 활동에 참가하면서 검소하게 살았다. 자기 몸을 아끼듯 남을 아끼고 자기 부모를 사랑하듯 남의 부모도 사랑하자고 했다. 요즘 말로 하면 공산주의 운동이나 무정부주의 생활공동체 운동이라고 할 수 있을 것이다.

양주학파는 묵가의 반대쪽 극단이었다. 철저한 개인주의와 상호 불간섭주의를 표방했고 국가 제도와 사회의 지배적 문화양식을 부정했으며 세상사에 참여하기를 거부했다. 천하를 준다 해도 목숨과 바꾸지 않겠다든가, 내 몸의 털 한 올을 해쳐서 천하를 구할 수 있다고 해도 하지 않을 것이라는 말이 다 그런 태도에서 나왔다. 극단적 고립주의 또는 은둔형 무정부주의라고 할 만한 사상이었다.

맹자는 사람의 행동을 관찰해 인간 본성을 추론했다. 사랑에 대한 맹자의 견해는 그런 면을 무엇보다 분명하게 보여준다. '사랑은 인간의 본성이며 가장 가까운 부모 자식 사

술하였다. 이 책은 보수주의자인 맹자의 사상과 이론이 때로 얼마나 혁명적이었는지 명료하게 보여준다. 그러나 안타깝게도 내용과 문장의 훌륭함에 걸맞은 관심을 받지는 못한 듯하다.

이에서 시작해 온 세상으로 넓어진다. 실천은 가까운 데서 시작하지만 사랑 자체는 보편적이라는 묵가의 주장은 옳지 않다. 형의 아들과 이웃의 아들을 똑같이 사랑하는 사람이 있느냐?'[17] 인간의 사회성에 대해서도 확고한 태도를 견지하면서 사람은 국가를 이루고 분업을 하며 산다는 사실을 강조했다. '도자기 만드는 사람과 대장장이가 농사를 지을 수 없는 것처럼 세상을 다스리는 자도 밭을 갈 수 없다. 남을 다스리는 자는 남에게 얻어먹는 것이 올바른 이치다.'[18] 그는 무정부주의 생활공동체 운동과 극단적 고립주의가 인간 본성에 어긋난다고 보았다.

맹자가 전적으로 옳았다고 할 수는 없다. 묵가와 양주의 사상이 그토록 욕을 먹어야 할 만큼 잘못이었는지도 모르겠다. 잔혹한 전쟁과 극심한 사회적 혼란이 500년 이어진 시대였다. 정의와 법이 아니라 욕망과 폭력이 세상을 지배했다. 유가와 법가는 덕치와 법치로 정통성 있고 강력한 국가 질서를 세우라고 해법을 제시했지만 어느 군주도 그 일을 해내지 못했다. 세상이 나아지리라는 희망은 어디에도 없었다. 그런 상황에서 국가와 사회에 대한 기대를 접고 작은 공동체에 삶을 의탁하거나 완전한 고립을 선택한 행위를 어찌 비난할 수 있겠는가. 나는 묵가와 양주학파에 대한 맹자

17   『맹자』,「등문공 상5」, 186쪽.
18   『맹자』,「등문공 상4」, 177~179쪽.

의 비판이 지나쳤다고 생각한다. 하지만 뇌과학과 진화생물학이 밝힌 사실에 비추어 보면 인간의 본성에 대한 견해만큼은 맹자가 전적으로 옳았다.

인간은 군집을 이루고 살면서 사회적·기술적 분업을 한다. 다른 생물 개체가 그렇듯 사람도 이기적 또는 자기중심적이다. 자신의 생존을 최우선으로 여기는 본성을 지녔다. 그런데 인간은 이타 행동도 한다. 남을 위해 또는 공동체를 위해 자신의 생존 가능성을 낮추는 행위를 한다. 인간을 포함한 동물의 이타 행동은 생물학적 유전자를 공유한 가족 구성원 사이에 가장 먼저 그리고 강력한 형태로 나타난다. 이러한 '친족이타주의'를 설명한 생물학 이론은 3장에서 살펴보겠다.

맹자가 말한 네 가지 마음은 모두 우리 뇌에 깃들어 있다. 인간의 뇌는 작은 신도시가 아니라 오래된 대도시를 닮았다. 설계도에 따라 창조한 기계가 아니라 맹목적인 진화의 결과 나타난 기계이기 때문이다. 우리의 뇌에는 영장류나 포유류같이 비교적 가까운 동물뿐만 아니라 파충류처럼 인연이 먼 동물의 뇌도 들어 있다. 도시로 치면 번화하고 질서정연한 정부청사 단지와 상업지구와 문화거리만 있는 게 아니라 약육강식 원리가 지배하는 뒷골목, 인신매매가 횡행하는 홍등가, 마약이 돌아다니는 유흥가, 저임금으로 노동자를 착취하는 공장지대, 폐수와 생활하수가 흐르는 하수도가 공존한다. 새롭고 아름다운 것과 낡고 추악한 것 가운데 어느 쪽이 우세한지에 따라 도시의 성격이 달라지고 명암이 엇갈린다. 우리 뇌의 전전두엽은 서울 세종로의 정부종합청사와 서초동 예술의 전당, 인사동길의 공방과 갤러리, 한강변 국립중앙박물관, 곳곳에 자리 잡은 대학과 국립중앙도서관, 여의도 국회의사당, 적십자회관과 사회복지공동모금회 같은 것을 모아 둔 공간이라 할 수 있다.

인간은 선한가 악한가? 이기적인가 이타적인가? 인문학자들은 오랜 세월 인간 본성을 두고 논쟁했지만 어떤 합의도 이루지 못했다. 논쟁을 종결하려면 사실의 근거가 있어야 한다. 인문학자는 하지 못했던 그 일을 신경과학자들이 해냈다. 1992년 이탈리아 파르마대학교 연구진은 특정한 행동을 할 때 발화하는 원숭이 두피질의 일부 뉴런이 다른 원숭이가 같은 행동을 하는 것을 볼 때도 발화하는 현상을 발견했다. 후속 연구자들이 인간의 뇌에도 같은 기능을 하는 뉴런이 있다는 사실을 확인했다. '거울신경세포'mirror neuron라는 멋진 이름을 얻은 그 세포는 세상의 관심을 한몸에 받았다. '마음을 읽는 세포'라거나 '문명을 만든 뉴런'이라고 명예로운 별명도 생겼다.

아직 아는 게 많지 않아도 몇 가지는 확실하다. 거울신경세포는 대뇌피질을 비롯한 뇌의 여러 부위에 분포해 있으면서 다른 사람의 행동을 모방하는 행위를 조장하거나 억제하는 등 여러 일을 한다.[19] 또한 공감과 도덕적 동기 유발의 기초를 제공하며 타인의 고통을 느끼고 염려하고 덜어주는 행위를 장려한다.[20] 거울신경세포가 모방과 공감에 관여한다면 문명을 만든 뉴런이라고 해도 지나치지 않다. 모방하고 공감하는 능력 덕분에 우리는 언어를 익힐 수 있다. 언어가 있기 때문에 큰 규모의 공동 행동을 조직할 수 있었고 지구의 최상위 포식자가 되었으며 생산력을 높이고 문명을 건설했다. 언어는 종교와 함께 문명을 가르는 가장 강력한 경계선이다.

그러나 그 모든 것이 거울신경세포 덕분이라고 단언하기에는 이르다. 거울신경세포 혼자 그런 일을 하는 게 아닐 수도 있다. 다시 말하지만 우리의 뇌는 겨우 몇 조각밖에 맞추지 못한 거대 퍼즐이다. 우리는 남을 모방하며 남에게 공감한다. 남을 배려하고 남과 협동한다. 악한 행동을 삼가며 옳은 일을 하려고 한다. 때로는 공동체를 위해 죽을 위험을 떠안는다. 우리가 그런 존재임을 안다.

그런 감정과 생각이 우리 뇌에서 어떻게 만들어지는지는 아직 다 파악하지 못했다. 특정 뇌 부위에 있는 특정한 종류의 뉴런이 특정한 일과 관련이 있다는 건 확실하다. 한 종류의 뉴런이 혼자 하나의 일을 하지는 않는다는 것 역시 분명하다. 우리의 뇌는 전체가 하나의 시스템이다. 서로 공감

19   매튜 코브 지음, 이한나 옮김, 『뇌 과학의 모든 역사』, 심심, 2021, 452~453쪽.

20   폴 새가드 지음, 김미선 옮김, 『뇌와 삶의 의미』, 필로소픽, 2011, 305쪽.

하고 소통하고 협력하고 배려하게 해주는 것은 거울신경 '세포'라기보다는 여러 종류의 뉴런이 협동해서 만든 거울신경 '시스템'인지도 모른다. 그러나 어떻게 보든 한 가지는 확실하다. 인간 본성이 선하다고 할 수는 없다. 하지만 선한 본성 '도' 지니고 있다. 거울신경세포 또는 거울신경시스템이라는 신경생리학의 증거가 있으니 그렇게 말해도 될 듯하다.

다시 맹자를 생각한다. 이 시대에 태어났다면 철학자보다는 과학자가 어울릴 사람이다. 인문학과 과학을 넘나드는 사회생물학자가 되었을 수도 있다. 그는 관찰하고 추론하는 능력이 뛰어났다. 유명한 '유자입정'孺子入井[21] 이야기가 그 능력을 입증한다. 맹자는 어린아이가 우물에 빠지려 하는 것을 보면 누구나 뛰어가 구한다면서 사람들이 그렇게 하는 것은 측은지심이라는 본성의 발현이라고 했다. 아이 부모와 교분을 맺거나, 마을사람들한테 칭찬을 받거나, 돕지 않았다는 비난을 피하려고 그렇게 한 게 아니라는 것이다.

맹자는 사람한테 타인의 불행과 고통을 함께 느끼면서 남을 도우려 하는 생물학적 본성이 있다고 봤다. 그것을 측은지심이라 했고 거기에서 인仁이라는 가장 중요한 미덕이 나온다고 판단했다. 오로지 관찰과 추론으로 구축한 이론이었다. 거울신경 '세포'면 어떻고 거울신경 '시스템'이면 또 어떤가. 우리 뇌에 이기적 행동뿐만 아니라 이타적 행위도 하

---

21   『맹자』, 「공손추 상6」, 122쪽.

게 만드는 본성이 깃들어 있다는 사실을 확인한 것만으로도 충분하다. 뇌과학과 진화생물학 공부를 하니 맹자가 더 대단해 보였다. 뛰어난 인문학자는 물질의 증거 없이도 옳은 인식에 다가선다. 때로는 과학자가 하지 못하는 일을 해낸다.

2,400여 년 전 중국에 살았던 사람을 우리는 왜 기억하는 것인가. 소크라테스를 기억하는 것과 같은 이유에서다. 맹자의 사상과 이론은 나를 아는 데 도움이 된다. 그는 인간의 본성과 의미 있는 삶에 대해 경청할 가치가 있는 견해를 남겼다. 묵가와 양주학파의 사상을 맹자의 사상과 비교해 보면 분명해진다. 묵가는 이기성 또는 자기중심성이라는 인간의 본성을 도덕적으로 바람직하지 않다는 이유로 부정했다. 양주학파는 인간이 공감하고 협동하고 이타 행동을 하는 동물이라는 사실을 인정하지 않고 사회적 관계를 단절하는 방식으로 세상을 대했다.

1장에서 소개했던 에드워드 윌슨의 말을 다시 떠올린다. "과학이 제공하는 사실을 모르면 우리의 마음은 세계를 일부밖에 보지 못한다." 묵가와 양주학파가 그랬다. 나탈리 앤지어의 문장도 생각난다. "과학은 사실의 집합이 아니라 마음의 상태이고 세상을 바라보는 방법이며 본질을 드러내지 않는 실체를 마주하는 방법이다." 이런 맥락에서 보면 맹자는 과학적인 태도로 인간과 세상을 마주했다. '선생님, 어떻게 그러실 수 있었나요?'

자유의지

시간이 무엇인지 나는 모른다. 하지만 시간이 그 무엇도 내버려두지 않는다는 것은 안다. 시간을 무한정 견뎌내는 것은 없다. 시간은 영원을 서약했던 사랑을 끝나게 한다. 찬란한 우정을 빛바래게 하고 강철 같은 신념을 부스러뜨린다. 사람의 몸을 늙게 만들고 생기발랄했던 철학적 자아를 혼돈과 무기력에 빠뜨린다.

우리는 집단을 이루어 서로 거래하고 경쟁하고 협력하고 의지하며 산다. 헤아릴 수 없이 많은 타인을 만나고 헤어진다. 가족보다 가깝게 지내던 사람과 절교하는가 하면 누군가를 혼자 좋아하다 혼자 욕하며 등을 돌리기도 한다. 말 없는 '손절'에서 공공연한 비난과 등 뒤에 칼을 꽂는 배신까지, 사람 사이의 일은 설계하기도 예측하기도 어렵다. 인간관계가 깨질 때 사람들은 이렇게 말하면서 책임을 떠넘긴다. '전에는 안 그랬는데, 사람이 변했어!'

사람은 변한다. 그런데 그게 꼭 좋지 않은 일일까? 시간이 흘러도 늘 같은 모습인 게 반드시 좋은가? 그렇지 않다. 좋게 달라지면 변하지 않는 것보다 낫다. 그런 변화는 '발전'이라 하고 더 못해지면 '퇴행'이라 한다. 발전인지 퇴행인지 판별하는 객관적 기준이 있는가? 없다. 한 사람의 변화를 두고 발전인지 퇴행인지 다투는 경우가 드물지 않다.

기자 A는 날카로운 필력으로 인권을 옹호하고 독재를

비판했던 사람인데 어느 날부터 비판했던 바로 그 독재자를 민족의 위대한 지도자로 찬양하는 일에 앞장섰다. 필명으로 주체사상을 전파하는 에세이를 써서 반미운동의 스타가 되었던 B는 몰래 평양에 가서 김일성 주석을 만나고 돌아온 뒤 북한 체제를 타도하고 북한 동포를 구출하는 운동에 투신했다. C는 세상과 일정한 거리를 두고 살면서 조금은 냉소적인 태도로 간결하고 멋진 문장을 쓰는 소설가였는데 얼마 전부터 산업재해로 목숨을 잃는 청년 노동자들의 이야기를 담은 산문으로 독자의 마음을 울리고 있다. 지식인 노동운동의 '레전드'였던 D는 옛 동지들을 총살해 마땅한 김일성주의자라고 비난하면서 고위 공직에 올랐다. 신념·철학·성격·태도가 크게 달라진 사람을 나는 숱하게 안다. 너도 그런 놈이라면서 누군가 내게 손가락질한다는 것도 물론 안다.

스무 살의 나는 김광규 시인의 「희미한 옛사랑의 그림자」를 좋아했다. 4·19혁명이 난 해 겨울 온기 없는 방에 모여 입김을 내뿜으며 열띠게 토론하고 아무도 듣지 않는 노래를 목청껏 불렀던 그 시의 청년들은 18년 후 혁명이 두려운 기성세대가 되어 넥타이를 매고 만나 서로 처자식의 안부를 묻고 즐겁게 세상을 개탄했다. 노래를 부르지 않았고 적지 않은 술과 안주를 남긴 채 헤어진 그들은 돌돌 만 달력을 옆에 끼고 옛사랑이 피 흘렸던 플라타너스 가로수 길을 걸었다. 영화의 한 장면 같은 그 시에서 나는 성찰의 향기를 맡았다. 시간이 바꾸는 모든 것을 슬퍼하며 받아들이는 태도가 마음에 와닿았다. 시인의 다른 작품도 좋아했다. 하지만 김광규 시인이 어떤 사람인지는 그때도 몰랐고 지금도 모른다. 무슨 상관인가? 나는 독자로서 시를 통해 시인을 알았을 뿐이다. 그것 말고는 다 각자의 몫이 아니겠는가.

한때 좋아했지만 지금은 그렇지 않은 예술가도 많다. 이미 이승을 떠난 이들 가운데 한 분만 거론한다. 나는 김지하 시인의 글을 좋아했고 인간 김지하를 존경했다. 고문을 당하고 감옥에 갇히면서도 「오적」五賊과 「타는 목마름으로」 같은 작품을 발표했으니 어찌 좋아하고 존경하지 않겠는가. 그가 1991년 『조선일보』에 "죽음의 굿판 당장 걷어치워라"라는 칼럼을 발표했을 때는 실망했다. 대학생이 거리 시위를 하다가 경찰의 곤봉에 맞아 죽고, 퇴행을 거듭하는 정치 현실에 분노한 청년들이 분신 투신으로 연이어 목숨을 끊는 때였다. 그때부터는 시든 산문이든 그의 글을 읽지 않았다.

그렇지만 나는 김지하 시인이 젊은 시절 썼던 시와 산문을 여전히 좋아한다. 그때 그 글을 읽으면서 느꼈던 감정을 소중히 여긴다. 인생의 한 굽이에서 그런 감정을 느낄 기회를 준 시인에게 지금도 감사한다. 1991년 이후 시인의 말과 글이 달라졌어도 상관없다. 그런 것은 듣지 않고 읽지 않으면 된다. 김지하 시인 말고도 좋아했던 여러 소설가·시인·교수·지식인·정치인을 비슷한 방식으로 마음에서 떠나보냈다. 다만 떠나보냈을 뿐이다. 그들의 인생은 그들이, 내 인생은 내가, 인생은 각자 책임지는 것이다. 내가 뭐라고 타

나는 무엇인가

인의 삶을 재단하겠는가. 좋으면 가까이, 싫으면 멀리, 그렇게 하면 그만이라고 생각한다. 이 책 독자도 나를 그렇게 대해 주면 좋겠다.

예전에는 그렇지 않았다. 누구나 그렇듯, 나도 언행이 훌륭하고 일관성 있는 사람을 좋아했다. 남을 위해 자신을 희생하거나 뛰어난 창의성을 발휘해 공동체의 발전에 기여한 사람을 존경했다. 그런데 그랬던 사람이 달라지면 원래부터 권력과 돈을 탐하며 남을 짓밟고 반칙을 저지르던 사람보다 더 미워했다. 훌륭하다가 나빠진 사람이 원래 나쁜 사람보다 더 나쁘다고 생각했다. '자유의지'로 선택한 변화라고 믿었기 때문이다. 지금은 달리 생각한다. 그런 사람을 특별히 미워하지 않는다. 원래부터 나빴던 사람보다는 낫다고 본다.

어떤 사람이 가치관과 살아가는 방식을 크게 바꾸는 것을 '전향'이라고 하자. 전향 그 자체는 좋다고도 나쁘다고도 할 수 없다. 어디에서 어디로 노선을 바꾸었는지에 따라, 보는 사람이 어디에 서 있느냐에 따라 어떤 사람의 전향을 좋게 또는 나쁘게 평가할 뿐이다. 나는 전향 그 자체를 비난하는 데는 공감하지 않는다. 우리는 절대 진리를 알지 못한다. 옳게 살려고 노력하는 사람도 생각을 바꾸기로 마음먹을 때가 있다. 게다가 '자유의지'라는 것이 정말 있는지 의심한다. 그런 것을 들어 누구에겐가 감정적 호오好惡를 가질 필요는 없다고 생각한다.

거듭 말하지만, 뇌를 유전자가 생존을 위해 만든 기계로 보는 견해를 나는 받아들인다. 도마뱀이나 고양이의 뇌를 가리켜 생존을 위해 만들어진 기계라고 하면 아무도 뭐라 하지 않는다. 그러나 사람의 뇌를 기계라고 하면 어떤 이들은 인간을 비하하지 말라고 화를 낸다. 이유를 모르지는 않지만 불합리하다고 본다. 다른 동물의 뇌가 생존을 위해 조합한 기계임을 인정한다면 인간의 뇌도 그렇다고 해야 앞뒤가 맞다. 돌이 날아오면 몸을 틀어 피하는 무의식적 반사행동부터 파생금융상품을 매매하는 전략적 의사결정까지, 우리의 뇌는 외부 환경에 대한 정보를 최대한 신속하게 받아들여 적절한 대응책을 찾는다. 왜? 생존하기 위해서다. 그것이 뇌의 존재 이유다. 자기 자신을 이해하는 것은 본업이 아니다. 그런데도 우리의 뇌에 깃든, 나를 나로 인식하는 철학적 자아는 그 일을 하려고 애쓴다. 성능이 지나치게 좋은 생존기계라서 그렇다.

뇌에 깃든 우리의 자아는 단단하지 않다. 쉼 없이 흔들리고 부서지고 비틀리는 가운데 스스로를 교정하고 보강하면서 시간의 흐름을 견딘다. 자유의지는 그런 자아가 지닌 것이다. 자아가 불안정한데 자유의지가 어찌 강고하겠는가. 모든 전향을 자유의지에 따른 선택으로 본다면 자아를 과대평가하는 것이다. 자아는 자유의지에 따른 선택보다는 뇌의 물리적 변화나 호르몬 분비의 불균형 때문에 달라질 가능성이 더 높다. 인문학보다는 뇌과학과 신경생리학이 전향이라는 행위를 더 잘 설명할 수도 있다는 말이다.

컴퓨터와 인공지능은 천연지능인 인간의 뇌를 모방해서 만들었다. 그래서 컴퓨터와 비교하면 거꾸로 우리의 뇌를 이해하는 데 도움이 된다. 나는 인공지능과 천연지능 사이에 본질적인 차이는 없다고 생각한다. 우선 우리 뇌도 하드웨어가 있다. 뉴런이다. 뇌 특정 부위의 특정 뉴런은 특정한 일을 수행한다.[22] 예를 들어 대뇌 측두엽의 해마가 하는 일 중에는 기억을 형성하는 작업이 있다. 해마 혼자 기억과 관련한 일을 다 하는 건 아니지만 해마가 경미한 손상을 입기만 해도 기억 기능이 혼돈에 빠진다.

나를 나로 인식하려면 기억이 뚜렷해야 한다. 자신의 경험이나 타인과의 관계에 대한 기억을 잃으면 남을 알아보지 못할 뿐만 아니라 자신이 누구인지도 모르게 된다. 뇌의 하드웨어가 심각한 손상을 입으면 몸과 정신 모두 기능마비 상태에 빠질 수 있다. 그런 면에서 보면 뇌에 깃든 우리의 자아는 흔들리고 갈라지는 땅 위에 서 있는 집과 비슷하다. 질병·교통사고·산업재해·폭행·고문·노화 등 뇌의 하드웨어에 물리적 손상을 입히는 요인은 다양하다. 겉으로는 아무 변화가 없어도 성격·신념·사고방식은 크게 바뀔 수 있다.

22　뇌의 여러 부위가 각자 무슨 일을 하는지는 『뇌 과학의 모든 역사』 (매튜 코브 지음, 이한나 옮김, 심심, 2021) 285~318쪽을 참고해 서술하였다.

그런 것을 두고 자유의지에 따른 선택이라고 할 수는 없다.

뇌는 소프트웨어도 있다. 뉴런이 서로 연결해 작동하는 정보처리 시스템이다. 우리는 아직 그 시스템의 구조와 작동 방식을 조금밖에 알아내지 못했다. 그렇지만 확실하게 말할 수 있는 게 없지는 않다. 뉴런들은 전기·화학 신호를 주고받아 정보를 처리하는데 전기 신호는 전자로 교환하고 화학 신호는 신경전달 물질로 주고받는다. 과학자들은 중요한 신경전달 물질을 이미 100여 개나 발견했고 새로운 것을 계속 찾아내고 있다. 아드레날린·도파민·세로토닌·옥시토신·엔도르핀·멜라토닌 같은 것이다.

전자 교환과 화학물질 분비에 변화가 생기면 뇌의 정보처리 패턴이 달라진다. 특정한 신경전달 물질 하나의 부족 또는 과잉이 소프트웨어 전체의 오작동을 일으키기도 한다. 예컨대 도파민은 행복한 감정을 느끼게 함으로써 동기를 부여하고 습관을 형성하는 데 영향을 준다. 도파민 분비량이 너무 적으면 사람은 둔감하고 느려지며 지나치게 많으면 충동적이고 급해진다. 그런데 뇌는 기대보다 큰 보상을 받았을 때 도파민을 분비한다. 행복해지려면 욕심을 줄이라고 한 현인들의 말씀은 전적으로 옳다. 도파민 분비에는 절대적으로 큰 보상이 필요한 게 아니다. 여기서 보상은 먹이·짝·지위·권력 등 생존에 도움이 되는 모든 것을 말한다.

도파민은 중독을 일으킨다. 사람들이 알코올·니코틴·카페인이 든 물질을 좋아하는 것은 도파민 분비를 촉진하기 때문이다. 코카인과 암페타민 같은 마약성 물질은 도파민을 대량으로 나오게 하고 이미 분비된 도파민의 회수를 방해함으로써 신경세포에 작용하는 도파민 농도를 높인다. 중독 행위를 유도하는 시냅스 연결을 강화하고 유전자 발현 패턴을 바꾼다. 무엇에든 잘 적응하는 우리의 뇌는 도파민 농도를 유지하려고 금단증상을 일으켜 더 강력한 마약을 찾게 한다. 도박·게임·쇼핑·만화·음식 같은 것도 도파민 분비와 관련이 있다. 물론 나쁜 것만 뇌에 보상을 주는 건 아니다. 성취감·희망·공감 같은 것도 도파민 분비를 촉진한다.[23] 일중독자·기부천사·헌혈왕이 아무 이유 없이 생기는 건 아니라는 것이다.

우리의 자아는 언제 지진이 일어날지 모르는 땅 위에서 전자와 신경전달 물질의 홍수와 가뭄과 해일과 폭풍우를 견뎌야 한다. 자유의지더러 모든 악천후를 극복하고 철두철미한 일관성을 지키라고 요구할 수는 없다. 유리창이 깨지고 기와가 날아가고 기둥이 흔들린다고 해서 부실 건축물이라고 비난해서는 안 된다. 전향은 뇌의 시냅스 연결망과 연결 패턴의 변화로 생긴 현상일 수 있다.

하드웨어와 소프트웨어뿐만 아니라 데이터도 자아에

---

23   도파민이라는 흥미로운 물질의 작용에 대해서는 『송민령의 뇌과학 이야기』(송민령 지음, 동아시아, 2020) 126~130쪽과 143~149쪽을 참고해 서술하였다.

영향을 준다. 뇌는 학습하는 기계다. 하드웨어인 뉴런과 소프트웨어인 시냅스 연결망으로 매순간 방대한 데이터를 빛과 같은 속도로 처리한다. 스스로 학습하는 기계는 데이터를 많이 확보할수록 성능이 나아진다. 데이터가 늘어나면 소프트웨어 성과가 좋아지고 소프트웨어가 발전하면 하드웨어 활용 방식을 개선한다. 데이터를 많이 확보한 뇌는 같은 질문에 대해서 그렇지 않은 뇌와 다른 대답을 내놓을 수 있고 같은 과제를 다른 방식으로 처리하기도 한다. 이런 경우에 한해서 우리는 누군가 자유의지로 전향했다고 조심스럽게나마 말할 수 있다.

일제강점기 많은 사람이 독립운동에 투신했다. 동기가 모두 같지는 않았다. 살아서 승리를 맛보기는 불가능하다고 생각하면서 역사의 강에 돌 하나를 놓는 마음으로 참여한 사람도 있었고, 금방 광복을 이룰 수 있으리라 믿고 보상을 기대하면서 뛰어든 사람도 있었을 것이다. 전자라면 끝까지 싸우다 목숨을 잃었을 가능성이 높지만 후자는 다르다. 긴 시간 일제와 싸우면서 경험을 쌓고 국제 정세에 대한 정보를 종합했다. 쉽게 이길 수 있으리라 믿고 참여했는데 자신의 생전에 승리를 거두기는 어렵겠다는 판단이 들었다. 만약 그가 추구한 목표가 민족의 광복 자체가 아니라 세속의 권력과 물질의 보상이었다면 친일로 전향하는 것이 일관성 있는 행동이다. 우리는 친일파로 변신한 독립운동가를 많이 안다. 그들 중에는 뇌 조직의 물리적 손상이나 신경전달 물질

　　　　　　　　　　　나는 무엇인가

분비의 이상 때문이 아니라 더 많은 데이터를 취득하고 학습한 결과 노선을 변경한 경우도 분명 있었을 것이다.

미래학자들은 인공지능이 세상을 바꿀 것이라고 한다. 나도 그렇게 생각한다. 세상을 바꾸는 데 그치지 않고 SF영화에서처럼 인간을 파멸시킬지도 모른다. 체코 극작가 차페크Karel Čapek(1890~1938)는 100여 년 전 발표한 희곡에서 그런 미래를 이야기했다.[24] 차페크의 '유니버설 로봇'은 처음에 사람의 일을 대신했지만 스스로 학습해 감정을 느끼는 능력과 도덕적 판단력을 획득했으며 자신의 판단에 따라 인간을 말살한다. 터무니없는 상상이 아니다. 자연이 생존을 위해 조합한 천연지능은 스스로 학습해 도덕을 알고 감정을 느끼는 우리의 뇌가 되었다. 인공지능은 그렇게 하지 못하리라고 단언할 수 없다. 천연지능은 인간 개체에 존재하기 때문에 소멸할 수밖에 없지만 인공지능은 스스로 복제함으로써 영생할 수 있다. 하드웨어를 무한 증강하고 소프트웨어를 끝없이 개선하고 데이터를 무한 집적해 천연지능의 능력을 넘어서는 것이 불가능한 일은 아니다.

인간의 뇌는 어떤 면에서 기계에 미치지 못한다. 아무리 잘 관리해도 오래되면 성능이 떨어진다. 나이가 들면 현명해

24　원제가 『R.U.R.: Rossum's Universal Robots』인 이 작품은 한국어판은 'R.U.R', '로봇', '로숨의 유니버설 로봇' 등 여러 제목으로 나와 있다.

진다는 말을 나는 믿지 않는다. 나이가 들수록 보통은 어리석어진다. 하드웨어·소프트웨어·데이터라는 세 요소를 종합하면 그렇게 판단할 수밖에 없다. 우리 몸의 하드웨어는 20대에 정점을 찍고 서서히 내리막을 걷는다. 뼈·근육·관절·시력·청력이 다 그렇다. 뇌세포라고 해서 다르겠는가. 뇌의 소프트웨어는 하드웨어와 달리 더 더 늦게까지 스스로를 개선한다. 학습과 경험을 통해 뇌가 획득하는 데이터는 노년기까지 계속 증가할 수 있다.

소프트웨어의 성능 개선과 데이터 증가 효과가 하드웨어 퇴화로 인한 기능 저하를 상쇄하는 동안은 더 지혜로워진다고 할 수 있다. 그러나 노화로 인해 하드웨어가 심하게 나빠지면 소프트웨어가 원활하게 작동하지 못한다. 기존 데이터를 상실하는 속도는 빨라지고 신규 데이터 유입은 줄어든다. 나이를 먹으면 젊었을 때보다 덜 똑똑해진다는 것은 부정할 수 없는 사실이다. 나는 예전보다 훨씬 덜 똑똑하다. 그렇지만 앞으로 더 어리석어질 것임을 알 정도로는 똑똑하다.

뇌과학자들이 내게 용기를 주었다. '뉴런은 서로 연결함으로써 사람의 생각과 행동을 만들어내고, 사람의 생각과 행동은 거꾸로 뉴런의 연결 패턴에 영향을 준다.' 자아가 뇌에 그저 깃들어 있는 게 아니라 뇌를 형성하고 바꾼다는 말이다. 물질이 아닌 자아가 물질인 뇌를 바꾼다니, 신기하지 않은가? 내 뇌는 매순간 퇴화하고 있다. 내 자아는 날마다 어리석어지는 중이다. 나는 그 사실을 받아들이고 조금이라

99

도 덜 어리석어지겠다는 결의를 다진다. 내 뇌의 뉴런이 순조롭게 다양한 연결망을 형성할 수 있도록 부지런히 책을 읽고 생각한다. 타인에게 공감하고 세상과 연대하며 낯선 곳을 여행한다. 내가 할 수 있는 일은 뇌에 새로운 데이터를 공급하는 것뿐이다. 어리석어지는 속도를 늦추는 유일한 방법이다.

나는 내 자신을 무한정 믿지 않는다. 아무리 노력해도 대뇌피질의 신경세포가 돌이킬 수 없을 정도로 줄어드는 때가 올 것이다. 이미 그런 상황인데도 모르고 있는지도 모른다. 내일 아침 갑자기 어떤 신경전달 물질이 과도하게 나오거나 나오지 않을 수도 있다. 내 뇌가 자신을 이해하는 일에 관심을 접고 오로지 생존에만 집착하는 날이 올 가능성도 배제할 수 없다. 그 전에 세상을 떠나면 좋겠지만 그것도 원하는 대로 되진 않는다. 나는 욕심 많고 인색하고 어리석고 보수적인 노인이 될 수도 있다. 지금의 내가 하는, 더 젊은 내가 했던, 모든 말과 행동을 부정하는 언행을 할지도 모른다. 만약 그런 일이 벌어진다면 뇌의 하드웨어 퇴화로 인해 벌어진 신경생리학적 사건으로 여겨 주기를, 나쁜 놈이라고 욕하지 말고 불쌍한 사람이라고 동정해 주기를 바란다. 내 자아가 오늘의 상태를 유지하는 한, 어떤 경우에도 자유의지로 그런 변화를 선택하지는 않을 테니까.

다시 강조한다. 우리의 자아는 단단하지 않다. 지진으로 흔들리는 땅 위에서 해일과 폭풍우를 맞으며 서 있다. 흔들리고 부서지고 퇴락해 사라질 운명이다. 자유의지는 그런 곳에 기거한다. 있다고 말하기엔 약하고 없다고 하기엔 귀하다. 그래서 나는 자유의지라는 것이 있다고도 없다고도 확언하지 못하겠다. 뇌과학을 조금 알고 나니, 나를 포함해 어떤 인간도 무한 신뢰하거나 무한 불신하지 않게 되었다.

나만 그런 게 아니다. 호모 사피엔스라는 종도 마찬가지다. 사랑하기엔 흉하고 절멸하기에는 아깝다. 그 운명이 어찌 될지 나는 알지 못하고 책임질 수도 없다. 단지 나 자신의 삶 하나를 스스로 결정하려고 애쓸 따름이다. 악과 누추함을 되도록 멀리하고 선과 아름다움에 다가서려 노력하면서, 내게 남은 길지 않은 시간을 살아내자. 이것이 내가 뇌과학에서 얻은 인문학적 결론이다.

3

우리는 왜 존재하는가

(생물학)

좌파, 우파, 다윈주의

가장 재미있게 읽은 과학 책은 『코스모스』다. 이미 여러 번 읽었고, 앞으로 또 읽을 것이다. 좋은 책은 읽을 때마다 다른 맛이 난다. 세이건 선생은 그 책에 20세기가 끝나가던 시점까지 인간이 자기 자신과 생명과 우주에 대해 알아낸 중요한 사실을 추려 담았다. 운명적 문과도 이해할 수 있는 아름다운 문장으로 감동을 느낄 만한 과학 정보를 들려주었다. 무인도에 책을 한 권만 가져갈 수 있다면 나는 그 책을 선택할 것이다. 밤하늘·별·바다·풀·나무·새·구름·바람·비가 모두 나와 연결되어 있다는 사실을 알면 고독을 견디는 게 수월해질 테니까.

인간과 사회와 역사를 보는 관점에 큰 변화를 가져다준 책은 1976년 초판이 나온 『이기적 유전자』다. 나는 대학을 다닐 때도, 대학에서 쫓겨난 뒤에도, 뒤늦게 대학을 졸업하고 독일에서 경제학을 더 공부했던 시기에도 도킨스를 몰랐다. 영문판 『공산당선언』을 숨어서 읽었던 스무 살에 이 책도 함께 읽었다면 공부와 삶 모두 더 나아졌을 것이라는 아

우리는 왜 존재하는가

쉬움을 느낀다. 생물학자가 대개 그렇듯 도킨스도 다윈주의
자다. 오해하지 마시라. 다윈주의Darwinism는 자유주의나 사회
주의 같은 사상·이념·철학·이데올로기가 아니다. 다윈주의
자는 모든 종이 공통의 조상에서 자연선택을 통해 진화했다
는 것을 사실로 받아들이는 사람을 가리킨다. 인문학자도 얼
마든지 다윈주의자일 수 있다.

다윈은 그 시대 말로는 박물학자, 요즘 말로는 생물학
자다. 누구보다 넓고 깊게 인간의 유래와 본성을 연구했으니
인문학자라고 해도 괜찮을 것이다. 인문학 분야에서 19세기
최고 천재로 통했던 마르크스의 역사이론은 20세기를 지나
면서 위력을 잃었고, 과학과 인문학의 경계에서 활약했던 프
로이트Sigmund Freud(1856~1939)의 정신분석학도 영향력이 예전
만 못하다. 그러나 과학자 다윈의 이론은 시간이 흐를수록
힘이 세졌다. 생물학의 경계를 넘어 심리학·인류학·경제학·
사회학을 비롯한 인문학의 많은 분야에서 파장을 일으켰다.
과학자들이 인간에 대한 사실을 새로 찾아낼 때마다 다윈이
옳았다는 것이 더 확실해졌기 때문이다.

『종의 기원』결론은 한 문장으로 요약할 수 있다. '모든
종은 공통의 조상에서 유래했다.' 종이 각각 독립해서 발생하
였거나 조물주가 따로따로 창조했다는 당대의 지배적 관념
을 뒤엎은 이 결론을 대중이 알아들을 수 있게 하려고 다윈
은 두꺼운 책 한 권을 썼다.『종의 기원』차례를 보면 그가 얼
마나 주도면밀한 과학커뮤니케이터였는지 알 수 있다. 1장에

서는 사람이 사육 재배를 통해 동식물의 변종을 만들어내는 과정을 보여주었다. 일상 경험에 비추어 수월하게 받아들일 만한 이야기를 먼저 한 것이다. 이어서 2장부터 5장까지 자연이 어떤 방식으로 같은 일을 하는지 설명했다. 생존투쟁과 자연선택을 비롯한 진화론의 핵심 요소가 대부분 여기에 있다. 6장부터 8장까지는 아직 분명하게 설명하기 어렵거나 흥미를 끌 만한 이론의 쟁점을 살폈고, 9장부터 13장까지 지질학·지리학·생물학에서 찾은 진화의 증거를 제시했으며, 마지막 14장에서 이론을 요약하고 결론을 내렸다. 정말 친절하고 주도면밀하게 쓴 책이다.

인간을 따로 다루지는 않았다. 그러나 모든 종이 공통의 조상에서 갈라져 나왔다면 인간도 거기 들어간다는 것을 누구나 알 수 있었기에 『종의 기원』은 단박에 베스트셀러가 되었다. 인간과 사회에 대한 견해는 12년 뒤 『인간의 유래와 성 선택』The Descent of Man, and Selection in Relation to Sex에서 밝혔다. 이 책은 장차 생물학이 인문학을 크게 바꾸어 놓을 것임을 예고했다. 뒤에서 살펴볼 사회생물학이 여기서 비롯했다.

역사에서는 '최초'가 중요하다. 다윈은 인간이 어디에서 왔는지 말이 되게 설명한 최초의 인간이다. 그 전에는 설화나 신화밖에 없었다. 곰이 마늘과 쑥을 먹고 사람이 되었다든가, 전지전능한 신이 흙으로 남자를 빚어 생명을 불어넣고 남자의 갈비뼈로 여자를 만들었다든가 하는 이야기다. 재미있긴 해도 말이 되지는 않았지만 그럴법한 설명이 달리

우리는 왜 존재하는가

없어서 사람들은 그런 것을 믿었다. 다윈의 이론은 '자연선택론'이라 하는 게 정확하겠지만 '진화론'이 널리 알려져 있으니 편리한 쪽을 선택하자. 진화론이 처음부터 완벽한 이론이었던 건 아니다. 다윈이 『종의 기원』에서 펼친 이론은 그럴법하고 설득력 있는 가설에 지나지 않았다. 관찰과 추론으로 결론을 도출했을 뿐, 확고한 물질의 증거를 제시한 것은 아니었다.[1] 책의 마지막 문단에 다윈은 자신이 발견한 자연의 원리에 대한 소감을 적었다.

처음에 몇몇 또는 하나의 형태로 숨결이 불어넣어진 생명이, 불변의 중력법칙에 따라 이 행성이 회전하는 동안, 여러 가지 힘을 통해 그토록 단순한 시작에서 가장 아름답고 경이로우며 한계가 없는 형태로 전개되어 왔고 지금도 전개되고 있다는, 생명에 대한 이런 시각에는 장엄

[1]　　『**종의 기원**』의 원래 제목은 '자연선택을 통한 종의 기원 또는 생존투쟁에서 선택받은 품종의 보존에 대하여'(On the Origin of Species by Means of Natural Selection or the Preservation of Favoured Races in the Struggle for Life)다. 물질의 증거가 정말 없는지 확인하려고 『종의 기원』을 읽을 필요는 없다. 그보다는 최근 눈부시게 발전한 유전학 지식을 반영해 『종의 기원』을 재집필한 스티브 존스의 『**진화하는 진화론: 종의 기원 강의**』(김혜원 옮김, 김영사, 2008)를 읽는 편이 나을 것이다. 오늘날 『종의 기원』은 생물학 공부에 도움이 되지 않는다. 그러나 과학적으로 추론하고 논증하는 능력을 키우는 데는 보탬이 된다. 다윈은 빈약한 물질의 증거와 대담한 결론의 간격을 추론으로 메웠다. 아무나 할 수 있는 일이 아니었다.

함이 깃들어 있다.[2]

쉽게 통역하면 이런 말이다. '종은 따로따로 생긴 게 아냐. 아주 단순했던 최초의 생명체가 무한히 다양한 종으로 진화한 것이지. 어때, 대단하지 않아?' 다윈은 초판에서 '적자생존'survival of the fittest이나 '진화'evolution 같은 말을 쓰지 않고 변이·생존투쟁·자연선택·형질·대물림·번식·멸절 같은 개념으로 이론을 구성했다. 이제 상식이 된 자연선택 이론의 논리 사슬은 단순하다. '모든 생물은 키울 수 있는 것보다 많은 후손을 낳는 경향이 있다. 개체는 변이가 있다. 생존에 유리한 변이를 지닌 개체는 불리한 변이를 지닌 개체보다 생존할 확률이 높고 자손을 퍼뜨릴 가능성도 크다. 그리하여 생존에 유리한 형질은 널리 퍼지고 불리한 형질은 소멸한다.' 생존투쟁을 다룬 3장을 쓸 때 50여 년 전 나온 맬서스T. R. Malthus(1766~1834)의 『인구론』을 모든 동물과 식물에 적용했다고 다윈은 서문에 밝혔다.

인문학 이론은 가끔 과학의 발전에 중대한 영향을 주었다. 인구론이 대표 사례다. 맬서스는 인구가 기하급수적으로 늘어나는 반면 식량은 산술급수적으로 증가하기 때문에 질병이나 전쟁으로 사람이 충분히 죽지 않으면 식량 부족으로 사람이 굶어 죽는 사태가 찾아들 수밖에 없다고 주장했다.

2   찰스 다윈 지음, 장대익 옮김, 『종의 기원』 사이언스북스, 2019, 650쪽.

예방책은 자명하다. 출산율을 낮추는 것이다. 그런데 맬서스는 인위적 피임을 해야 할 정도로 난잡한 성행위는 여성의 품위를 해친다는 괴상한 논리에 집착했다. 노동자와 빈민의 주거 환경을 비위생적으로 만들어 전염병이 잘 돌게 하고 공중보건 정책과 빈민구제 정책을 폐지하라고 권했다.[3] 다윈은 '사람은 양육할 수 있는 것보다 많은 자녀를 낳는 경향이 있다'는 맬서스의 견해를 사실로 받아들여 생물학 연구에 적용했지만 기괴하고 냉혹한 정책론에는 동조하지 않았다. 의과대학에 다니다가 고통에 몸부림치는 환자들을 볼 수 없어서 그만두었을 만큼 연민이 많았던 사람이 그랬을 리 있겠는가.

진화론이 인문학에 가한 충격의 폭과 깊이와 강도는 맬서스가 다윈에게 준 것과는 비교할 수 없을 만큼 넓고 깊고 셌다. 진화론은 자연과 인간에 대한 관점을 근본적으로 바꾸어 인류의 지성을 한 차원 높였다. 처음에는 아무것도 모르던 어린아이가 학습하고 경험하고 연구하고 사색하면서 과학자나 철학자로 성장하는 것처럼, 인류도 처음에는 밤하늘의 별이 무엇이고 자신이 어디에서 왔는지도 몰랐지만 이제는 우주 탄생의 비밀과 생명의 기원을 안다. 지구가 우주의

---

3   맬서스가 그토록 기괴한 주장을 했다는 사실을 믿지 못하겠다면 인구론을 소개한 졸저 『청춘의 독서』(웅진지식하우스, 2009) 4장을 참고하기 바란다.

중심이 아니라는 사실과 지구의 모든 종이 공통의 조상에서 유래했다는 사실, 이 둘을 알아낸 것은 인류 문명의 역사와 인간 지성의 발전 과정에서 가장 중요한 사건이라고 할 수 있다.

다윈의 이론은 코페르니쿠스의 지동설보다 더한 시련을 겪었다. 누구는 진화론을 오용誤用해 인류에 대한 범죄를 저질렀고, 누구는 진화론을 사회에 나쁜 영향을 준 이론이라 비난하고 배척했다. 오용한 쪽은 '우파', 배척한 쪽은 '좌파'다. 우파와 좌파를 명확하게 정의하기는 어렵지만 다윈주의와 관련해서는 그나마 수월하게 구별할 수 있다. 우파는 생존 경쟁을 피할 수 없는 자연법칙으로 간주하고 격차와 불평등을 발전의 동력이라고 옹호하며 사회적 약자를 돌보는 정책에 반대하는 개인과 집단이다. 좌파는 사회적 약자, 착취당하는 사람들, 최소한의 인간다운 생활을 누리지 못하는 이들의 고통을 해소하기 위해 무엇인가 하려는 개인과 집단이다.[4]

우파는 진화론을 오남용했다. 영국 철학자 스펜서가 창안한 '사회다윈주의'가 시작이었다. 스펜서의 이론은 이렇게 요약할 수 있다. '부자와 권력자는 사회의 환경에 잘 적응한 사람이고 가난과 무지는 적응에 실패했다는 증거다. 약

---

4   다윈주의에 입각해 우파와 좌파를 구분하는 기준은 『다윈주의 좌파』
     (피터 싱어 지음, 최정규 옮김, 이음, 2011) 17쪽과 23~25쪽에서 가
     져왔다.

육강식은 자연스러울 뿐만 아니라 사회적·도덕적으로 바람직하기도 하다. 사회 발전을 위해서는 적응하지 못하는 자가 소멸하게 내버려 두어야 한다.' 스펜서는 『종의 기원』 초판을 읽고 생존경쟁과 자연선택의 원리를 '적자생존'適者生存(survival of the fittest)이라는 말로 요약했다.

다윈은 스펜서를 위대한 철학자로 평가했고 '적자생존'이라는 말을 『종의 기원』 개정판에 받아들였다. 또 가축을 개량하는 것처럼 '우수한' 남녀를 짝 지워 인간을 개량할 수 있다고 주장한 외사촌 골턴Francis Galton(1822~1911)의 우생학을 진지한 학문으로 대했다. 그런 사실을 들어 다윈이 우파였다고 주장할 수는 있다. 하지만 다윈은 좌파도 우파도 아니었다. 사실을 탐구하는 과학자였을 뿐이다. 그는 전염병을 막는 공중보건 정책과 가난한 사람을 돕는 복지정책이 자연선택의 작동을 방해함으로써 인류의 생물학적 퇴화를 불러온다는 사회다윈주의자와 우생학자의 주장을 다음과 같은 '성선택' 이론으로 반박했다.

예방접종과 구빈법은 생물학적·사회적으로 약한 사람이 생존해 자손을 남길 가능성을 높이는 게 확실하다. 하지만 질병과 빈곤을 방치하면 잠깐 동안 이익이 조금 생기긴 하겠지만 극도의 죄악을 함께 만들어 문명의 발전을 저해한다. 약자를 도우려는 마음도 자연이 준 인간의 본성이며 길게 보면 이런 훌륭한 덕성을 가진 사람이 많은 사회가 번영한다. 인구통계를 보면 성 선택이 인류의 퇴화를 막는다는 것을 알 수 있다. 약하고 열등한 사람은 혼인할 가능성이 상대적으로 낮아서 후손을 남길 기회도 적다.[5]

다윈은 진화론에 오남용 위험이 있다는 것을 알았지만 치명적으로 위험하다고 생각하지는 않았던 듯하다. 개체를 생존경쟁과 자연선택의 단위로 본 다윈과 달리 스펜서와 골턴은 집단을 자연선택 단위로 설정했다. 인간은 집단 안에서는 개인끼리 경쟁하지만 다른 집단에 대해서는 집단으로 대결한다. 그러나 집단은 유전과 무관하기 때문에 자연선택 단위가 될 수 없다. 또 진화는 정해진 방향이 없다. 인간이 원하거나 훌륭하다고 여기는 쪽으로 일어나는 게 아니다. 진화는 주어진 환경에서 생존에 더 유리한 형질을 지닌 개체가 살아남아 번식한다는 사실을 서술하는 말일 뿐이다. 사실은 도덕이 아니다. 자연스럽다고 해서 훌륭한 건 아니다. 그런데도 우파는 진화를 사회 번영과 인류 발전을 추동하는 '신

---

5   찰스 다윈 지음, 추한호 옮김, 『**인간의 기원 I**』, 동서문화사, 2018, 233~243쪽에서 요약하였다. 이 책의 핵심은 인간의 유래가 아니라 성 선택이라고 하는 게 타당하다. 인간의 유래에 대한 다윈의 이야기는 『종의 기원』에서 펼친 이론을 그대로 적용한 데 지나지 않으며, 새롭고 중요한 내용은 짝짓기와 관련한 성 선택 이론이다. 한국어판 제목에서 '성 선택'이라는 말을 뺀 것은 현명한 결정이 아니었다고 본다.

의 섭리'로 포장해 무한경쟁을 조장했고, 인간에 의한 인간의 착취를 사회적 미덕이라고 찬양했다.

사회다윈주의는 '열등한 개체'를 제거함으로써 사회를 개선할 수 있다고 주장한 우생학과 결합했다. 민족 또는 국가의 번영을 최고 가치로 내세운 전체주의 사상과 손잡았다. 인종차별과 노예제도를 정당화하는 이념의 도구가 되었다. 사회다윈주의와 우생학의 종착점은 유럽 유대인 600만 명을 죽인 나치의 홀로코스트였다. 민족주의와 전체주의를 정치이념으로 삼았던 히틀러는 강제노동수용소와 가스실에 유대인 '살인공장'을 차리기 전에 독일의 장애인·정신질환자·중증환자와 집시를 비롯한 소수민족을 먼저 체계적으로 학살했다. 예나 지금이나 우파는 집단을 생존경쟁의 단위로 설정하고 다른 민족 또는 국가의 구성원에 대한 적대의식과 혐오감을 조장하는 경향이 있다.

우파가 좋아한다는 사실 그 자체가 좌파로 하여금 다윈주의를 배척하게 하는 요소가 되었다. 부당한 차별과 착취가 없는 평등 세상을 만들고 싶어 하는 사람이라면 그럴 수 있다. 하지만 다윈주의에 대한 무지와 오해는 그것대로 짚어볼 필요가 있다. 예전에 어느 대학의 사회복지학과 학술 심포지엄에서 「대한민국 복지정책에 대한 다원주의적 고찰」이라는 논문을 발표한 적이 있다. 어떤 토론자가 발표문 제목이 '다원주의적 고찰'의 오타인 줄 알았다고 짓궂은 논평을 했다. 토론자와 청중은 다들 박장대소했지만 나는 고개를 숙인 채 마음을 가라앉혀야 했다. 그것은 단순한 농담이 아니었다.

사회복지학계는 좌파가 압도적으로 우세하다. 그 심포지엄도 좌파가 마련한 행사였다. 그들에게 다원주의는 '금칙어'나 다름없었다. 다원주의로 한국 복지정책을 고찰하겠다고 했으니, 비웃음을 사고도 남을 짓을 한 셈이다. 진지하게 토론할 기분이 들지 않았다. 그래서 혼자 이렇게 생각하면서 말을 줄이고 토론이 끝나기만 기다렸다. '저 사람들은 『종의 기원』이나 『이기적 유전자』를 읽지 않았을 거야. 다원주의가 뭔지 몰라서 저러는 것이야!' 우파는 진화론을 오독하고 악용해서 사회다원주의와 우생학을 만들었다. 좌파는 다윈과 다원주의를 싸잡아 배척했다. 지금도 적지 않은 인문학자가 다원주의를 혐오한다.

내가 사회복지학과 심포지엄에 굳이 다원주의를 가져간 것은 인문학의 전통적 이론이 틀렸다고 생각해서가 아니라 다원주의가 복지정책을 다른 각도에서 살펴볼 기회를 제공한다고 믿었기 때문이다. 사람을 포함해 생물은 다 본성이 자기중심적인데 왜 이타 행동을 하는가? 한때 역사 진보의 상징이었던 사회주의는 왜 그토록 비참한 실패로 끝났는가? 차별을 해소하고 불평등을 완화하는 일은 왜 그리 어려운가? 사회적 갈등을 줄이고 실패할 위험을 피하면서 사회를 개혁하려면 무엇을 어떻게 해야 하는가? 인문학자들은 전통적인 관점에서 이런 질문들에 대답한다. 설득력이 있고 경청할 만한 견해가 많다. 거기에 다원주의 관점을 추가한다

우리는 왜 존재하는가

고 해서 나쁠 게 무엇인가. 다윈주의는 이미 아는 질문을 다르게 해석할 기회를 제공하며 다른 답을 발견할 가능성을 열어 준다. 그래서 나는 기꺼이 '문과 다윈주의자'를 자처한다.

생명의 알파벳

『이기적 유전자』이야기를 하려 했는데 서론이 길어졌다. 그 책의 핵심 내용은 '유전자 선택론'이다. 생존경쟁을 통해 이루어지는 자연선택의 단위를 개체나 집단이 아니라 유전자로 보는 이론이다. 서문에서 연구자와 일반 독자를 모두 고려하면서 썼다고 한 것으로 보아, 도킨스는 그 이론이 학계와 서점가 모두에서 큰 관심을 받으리라 예측했던 듯하다. 과학자로든 과학커뮤니케이터로든 다윈 못지않게 뛰어난 그는 거센 학술 논쟁과 대중의 정서적 반발을 불러일으킬 가능성이 큰 이론을 제시하면서, 그것을 이해하는 데 필요한 생물학 기초 지식과 정보를 쉽고 명료한 어휘와 문장에 담아 적절하게 배치했다. 생물학 기초 교양이 없었던 나도 웬만큼은 이해할 수 있었다.

『이기적 유전자』를 읽고 충격과 감동을 받았다. 어느 대목에서 그랬는지 들으면 도킨스 선생은 이렇게 말할 것이다. '어처구니없군. 그런 건 상식이잖아. 내 이론의 핵심도 아니고!' 이론의 핵심이 아닌 건 맞다. 그렇지만 상식이란 데는 동의하지 못하겠다. 과학자한테나 상식이지 문과인 나한테는 상식이 아니었다. 두 가지만 말하겠다. "모든 동식물의 유전자는 동일한 생물학 언어로 씌어 있다." 이건 감동이었다. "생물학 이론으로 사회주의 체제가 실패한 이유를 설명할 수 있다." 이건 충격이었다. 오해하지 마시라. 도킨스가 사회주의 실패 원인을 생물학으로 분석했다는 말이 아니다. 그가 다른 용도로 소개한 'ESS 모델'을 보고 내가 사회주의 체제의 실패를 예전에 생각하지 못한 관점에서 살피게 되었다는 뜻이다. 'ESS 모델'이 무엇인지는 곧 설명하겠다. 누가 그 모델을 사회주의 체제를 분석하는 데 사용한 적이 있는지 나는 모른다.

감동부터 말하자. 세포·핵산·염색체·DNA·유전자·뉴클레오티드nucleotide·염기 같은 생물학 전문용어는 고등학교 생물 시간에 배워서 무슨 뜻인지 대충은 알았다. 하지만 모든 생물의 DNA가 똑같이 네 종류의 염기로 이루어져 있다는 사실은 『이기적 유전자』에서 처음 보았다. 유전학 교양서 어디나 있는 정보라는 건 나중에 확인했다. 생물학 분야에서는 상식 중의 상식이라 특별히 강조하지 않아서 무식한 나는 몰랐던 것이다. 진화의 유전학적 증거인 '생명의 알파벳'을 도킨스는 이렇게 설명했다.

동식물, 박테리아, 바이러스까지 생물은 모두 생존기계다. 종의 총수와 생존기계의 총수가 얼마인지는 모른다.

우리는 왜 존재하는가

곤충만 해도 300만 종에 개체 수가 10^{18}이나 된다. 자기 복제자인 DNAdeoxyribo nucleic acid(디옥시리보 핵산)는 다양한 기계를 만들었다. 원숭이는 나무 위에서, 물고기는 물속에서, 어떤 조그만 벌레는 독일 맥주잔 받침에서 유전자를 보존한다. DNA는 우아하게 맞물린 한 쌍의 나선형 뉴클레오티드 사슬이다. '불멸의 코일'을 만드는 뉴클레오티드는 A(아데닌), T(티민), C(시토신), G(구아닌)이라는 네 종류의 염기鹽基(base)로 이루어진다. 이것을 생명의 언어라고 할 수 있다. 연결 순서만 다를 뿐, 모든 동식물의 DNA는 같은 언어로 씌어 있다. DNA 분자는 복제를 잘한다. 설계도 원본이 든 세포 하나가 각각 설계도 사본 전체를 가진 세포 2개로 분열하고, 두 세포는 4, 8, 16, 32, …개로 늘어나 세포 1,000조 개로 이루어진 인간이 된다. 모든 세포에 알파벳 4개로 쓴 '몸 만들기 설명서' 전체가 들어 있다. DNA의 메시지는 아미노산의 알파벳으로 전환해 특정한 단백질 분자를 만든다. 단백질이 세포 내부의 화학적 과정을 제어하는 과정은 엄격한 일방통행이라서 획득 형질의 영향을 받지 않는다. 아무리 많은 지식을 습득해도 유전이라는 방법으로는 자식에게 어느 하나 넘겨줄 수 없다. 새로운 개체는 매번 무無에서 시작한다. 유전자는 우리의 몸을 이용해 불변 상태를 유지한다.[6]

모든 생물의 DNA가 동일한 알파벳으로 씌어 있다는 사실은 모든 종이 공통의 조상에서 유래했음을 입증하는 유전학의 증거다. 다윈은 염색체·DNA·유전자 같은 것을 몰랐다. 그런데도 완벽하게 옳은 결론을 내렸으니 관찰과 추론의 힘은 얼마나 대단한가. 다윈이 말한 대로, 생명은 단순한 것에서 무한히 다양한 형태로 진화했다. 쓸데없는 노파심에서 종이 무엇인지 짚고 간다. 두 생물 개체의 유전자를 섞어 각각의 천성을 가진 자손을 만들 수 있으면 같은 종에 속한다.[7] 동물에 한정해서 일상 언어로 말하면, 암수가 교미해 생식 능력이 있는 자식을 낳으면 같은 종이다. 자식을 낳는다 해도 그 자식이 번식하지 못하면 같은 종이 아니다. 예컨대 암말은 당나귀 수컷과 교미해 노새를 낳지만 노새는 자식을 낳지 못한다. 말과 당나귀는 다른 종이다. 이 기준을 적용하면 피부색과 외모가 어떠하든 80억 호모 사피엔스는 모두 같은 종에 속한다.

모든 생물의 DNA가 같은 언어로 씌어 있다는 게 뭐 그리 감동이냐고 누가 묻는다면 왜 아닌지 되묻고 싶다. 나는 그 사실을 안 뒤로 '존재의 고독'을 덜 느낀다. 동네 공원에 아무렇게나 핀 풀과 꽃, 모르는 사람과 산책하는 개, 경계하

6   생명의 알파벳에 대해서는 『이기적 유전자』(리처드 도킨스 지음, 홍영남·이상임 옮김, 을유문화사, 2018) 79~82쪽을 요약 서술하였다.

7   스티브 존스 지음, 김혜원 옮김, 『진화하는 진화론: 종의 기원 강의』, 김영사, 2008, 41쪽.

며 피해 가는 길고양이를 예전보다 가깝게 여긴다. 눈만 들면 어디나 있는 가로수도 달리 본다. 우리는 집을 짓고 불을 피울 때 나무에 관심을 가진다. 더러는 약으로 쓰기도 한다. 그럴 때는 나무를 살아 있는 존재로 여기지 않는다. 신록과 봄꽃, 여름 그늘과 가을 단풍을 즐길 때나 나무가 살아 있다는 사실을 의식한다. 삼림욕장에서 크게 숨을 들이쉴 때는 고마움도 느낀다.

그렇지만 나는 나, 나무는 나무였다. 나무에 감정을 이입하지는 않았다. 그런데 유전자가 같은 언어로 씌어 있다는 사실을 알고 나자 달라졌다. 나무가 살고 죽는 일에 관심이 생겼다. 나무가 어떻게 얼어 죽지 않고 겨울을 나는지 알고 감탄했다. 이런 이야기다.

나무는 한 자리에 서서 계절을 여행한다. 모든 유기체가 그렇듯 나무도 물을 품고 있다. 물이 얼어 팽창하면 세포가 터진다. 죽지 않으려면 겨울 여행을 잘 해야 한다. 동물은 세포에서 당을 태워 열을 내지만 식물은 다른 방법으로 추위를 견딘다. 겨울이 다가오면 잎에 보내던 수분과 영양분을 끊는다. 그래서 단풍이 들고 낙엽이 진다. 우리에게 가을의 정취를 선사하려고 그러는 게 아니다. 본격적인 추위가 닥치기 전에 나무는 둥치와 가지의 세포에서 물을 내보내고 당과 단백질 같은 영양분만 남겨 세포 내부를 시럽 상태로 만든다. 세포 사이 공간에는 물이 있지만 혼자 돌아다니는 원자가 하나도 없을 정도로 순수해서 섭씨 영하 40도까지 얼음 결정이 생기지 않는다. 그렇게 해서 서리와 진눈깨비와 눈보라와 혹한을 견디고 나서 봄의 징후를 포착하면 나무는 물을 세포 안으로 끌어들여 새잎을 틔우고 광합성을 재개한다.[8]

대견하지 않은가! 파주 출판도시의 예전 작업실 앞 얕은 수로에 버드나무가 몇 그루 있었다. 유난히 추웠던 겨울, 나는 버드나무의 안위를 걱정했다. 공기 깨끗하고 햇살 좋은 2월 어느 날 늘어진 가지에 연두색 꽃대가 맺힌 것을 보고 나도 몰래 손바닥을 가슴에 대었다. 진부한 표현이라는 걸 알지만, '안도의 한숨' 말고는 다른 말을 찾지 못하겠다. 가만히 숨을 내쉬면서 말했다. '잘했어. 걱정했어.' 이러는 내가, 나는 마음에 든다.

---

8   나무의 겨울나기는 『랩 걸』(호프 자런 지음, 김희정 옮김, 알마, 2017) 274~276쪽을 요약했다. 이 책은 자기 자신을 한 그루 나무로 여기는 식물학자의 자서전이다. 여성 과학자의 인생 이야기 자체가 흥미롭지만 거기 묻어 있는 식물학 정보도 그에 못지않게 재미있다. 과학자가 어떤 순간에 존재의 기쁨을 느끼는지도 알 수 있다.

네 가지 알파벳으로 씌어 있다는 유전자는 무엇인가?[9] 유전자는 '오래 존속하는 염색체染色體(chromosome)의 작은 조각'이다. 만족할 만큼 명확하진 않아도 이보다 더 엄격하게 유전자를 정의하는 방법은 없다. 염색체의 조각이 오래 존속하려면 잘 흩어지지 않아야 하며, 흩어지지 않으려면 되도록 작아야 한다. 그러면 염색체는 무엇인가. 세포핵 안에 있는 유전자 운반 물질이다. 세포를 관찰하려고 사용한 염료에 잘 반응해 염색체라는 이름이 붙었다. 현미경으로 보면 실 뭉치 비슷하게 생겼다.

생물의 염색체는 n쌍이 보통이다. 드물지만 예외적으로 그렇지 않은 경우가 있어서 '보통' 그렇다고 했다. 예컨대 양파는 염색체가 8쌍, 수박은 11쌍, 초파리는 4쌍, 고양이는 19쌍, 침팬지는 24쌍, 개는 39쌍, 인간은 23쌍이다. 인간 염색체의 한 쌍은 성性염색체라 하고, 나머지 22쌍은 상常염색체 또는 보통염색체라 한다. 인간 염색체는 생식세포에서 절반인 23개로 감수 분열한다. 그런데 존재하는 23쌍의 염색체가 두 세트로 나뉘는 단순한 절차가 아니다. 책 두 권을 뜯

---

9   유전자를 자연선택의 단위로 보는 이유와 유전자의 정의는 『이기적 유전자』(리처드 도킨스 지음, 홍영남·이상임 옮김, 을유문화사, 2018) 99~102쪽을 참고해 서술하였다.

고 붙여 다시 두 권을 만든 다음 그중 하나를 고르는 식이다. 이때 어떤 염색체의 조각들은 시작 표시부터 끝 표시까지 네 종류의 염기가 특정 순서로 이어진 사슬을 그대로 유지한다. 그게 바로 유전자다. 각각 그렇게 재조합한 책 한 권씩을 지닌 정자와 난자가 만난 수정란에서 비슷한 일이 또 벌어진다. 정자의 부계 염색체 23개와 난자의 모계 염색체 23개를 편집해 23쌍의 염색체를 조합한다. 이때도 우리가 유전자라고 하는 염색체의 작은 조각은 시작 표시부터 끝 표시까지 네 가지 염기가 특정 순서로 이어진 사슬이 흩어지지 않는다.

모양과 크기가 같은 한 쌍의 염색체를 '상동'相同염색체라고 한다. 상동염색체의 같은 위치에는 눈의 색이나 다리의 길이와 같은 형질을 결정할 때 경쟁하는 '대립유전자'가 있다. 대립유전자 가운데 자식에게 바로 발현하는 것을 우성優性, 잠복하는 것을 열성劣性이라고 한다. 모든 유전자는 가장 먼저 대립유전자와 경쟁한다. 그렇지만 유전자는 목적의식을 가진 행위 주체가 아니다. 단지 잘 흩어지지 않는 염색체의 조각일 뿐이다. 그게 무엇보다 중요하다. 자연선택은 긴 시간에 걸쳐 일어난다. 어떤 것이 자연선택의 단위가 되려면 진화의 시간을 감당할 만큼 오래 존재해야 한다. 그 정도로 오래 존재하는 생명의 단위는 유전자뿐이다. 유전자의 수명은 최소한 100만 년 단위로 측정한다. 개체는 수명이 너무 짧아서, 집단은 독립한 생물이 아니어서 자연선택의 단위가 될

우리는 왜 존재하는가

수 없다. 개체와 집단은 하늘의 구름이나 사막의 모래바람처럼 잠깐 존재한다. 이것이 유전자 선택론의 요지다.

'이기적 유전자'는 문학적 표현이다. 유전자는 의식이 없다. 불변 상태로 자신을 유지하면서 되도록 많은 생존기계의 몸에 퍼져 나갈 뿐이다. 그것이 유일한 존재 목적이다. 이기적이란 말은 그런 뜻이다. 다른 의미는 없다. 유전자가 이기적이라고 해서 유전자의 생존기계도 반드시 이기적이어야 하는 건 아니다. 인간을 보라. 이기적이다. 하지만 오로지 이기적이지는 않다.

생물학의 통설에 따르면 호모 사피엔스의 나이는 20만 년 안팎이다. 30만 년 또는 35만 년이라는 주장도 있는 만큼 다수 학설이 바뀔 가능성도 있다. 그러나 적어도 100만 년 단위로 측정해야 하는 유전자에 비하면 의미 있는 차이는 아니다. 인간 유전자는 대부분 인간이 출현하기 전에 이미 존재하고 있었다. 그래야 말이 된다. 정말 그런가? 그렇다. 유전학의 증거에 따르면 침팬지 유전자 가운데 호모 사피엔스한테도 있는 것이 98퍼센트가 넘는다. 인간보다 먼저 존재하지 않았다면 그 유전자가 침팬지의 몸에 있을 리 없다. 사람의 조상과 침팬지의 조상은 600만 년 전쯤 갈라졌으니 사람 유전자 가운데 나이가 600만 년에 미달하는 것은 2퍼센트도 되지 않는다. 영장류만 인간과 유전자를 공유하는 게 아니다. 과일 껍데기가 있는 곳이면 어디든 마치 자연 발생한 것처럼 나타나는 초파리도 1만 3,500여 개의 유전자 가운데 60퍼센트를 호모 사피엔스와 공유한다.[10] 초파리와 사람이 공유하는 유전자의 나이는 적어도 수억 년 될 것이다. 엄격한 의미에서 불멸은 아니지만, 이 정도면 유전자를 '불멸의 코일'이라고 해도 괜찮지 않겠는가.

지질학자와 고생물학자는 지층의 구조와 지질을 분석하고 방사성 동위원소로 화석과 암석의 나이를 측정해 지구 상태의 변화와 생물 종의 진화 과정을 추적한다. 그들은 다음과 같은 사실을 알아냈다.[11] 45억 5,000만 년 전 태양 주변을 떠돌던 물질이 뭉쳐 지구가 되었다. 지구에는 오랫동안 운석이 비처럼 쏟아졌다. 운석 폭격이 멈추고 난 38억 5,000만 년 전쯤 바닷물 속에 자기복제 능력을 가진 유기분자가 자리를 잡았다. 그것이 어떻게 해서 생겨났는지는 아직 모른다.

35억 년 전 바다에 세균과 미생물이 출현했고 26억 년 전 육지에 퍼졌으며 18억 년 전에는 적조 비슷한 다세포생물이 나타났다. 5억 3,000만 년 전부터 바다에서 원생동물

---

10   초파리는 20세기 유전학의 상징이자 유전학 실험실의 슈퍼스타이다. 치매와 암을 비롯한 질병 유발 유전자의 인간 공유 비율은 70퍼센트나 된다. 그래서 초파리를 활용한 연구업적으로 노벨 생리의학상을 받은 과학자가 여섯 명이나 나왔다. 관심 있는 독자에게는 초파리가 유전학 실험실의 영웅이 된 경위를 소개한 『초파리』(마틴 브룩스 지음, 이충호 옮김, 갈매나무, 2022)를 추천한다.

11   지구와 생명의 연대기는 『진화: 모든 것을 설명하는 생명의 언어』(칼 짐머 지음, 이창희 옮김, 웅진지식하우스, 2018) 111~130쪽을 참고해 서술하였다.

우리는 왜 존재하는가

과 해조류를 비롯한 동식물 종이 폭발하듯 늘어났다. 4억 5,000만 년 전 지네 비슷한 무척추 동물이 땅에 올라왔고 3억 6,000만 년 전에는 풀과 나무가 자라났다. 3억 2,000만 년 전 양서류가 나타났고 2억 5,000만 년 전 공룡이 출현해 지구를 지배하다가 화산 폭발과 운석 충돌로 인한 기후변화를 견디지 못하고 6,500만 년 전 멸종했다. 공룡이 사라진 후 포유류가 지배 종으로 등장했고 영장류가 나타났다. 호모 사피엔스는 20만 년 전 등장해 지구의 최상위 포식자로 등극했다. 언어·예술·종교·농업·산업·도시·국가를 창조하고 과학기술을 연마해 자기 자신과 우주가 무엇이며 어디에서 왔는지 알아냈다. 그러나 인류의 시간은 찰나에 불과하다. 지구 생명의 역사를 하루로 환산하면 20만 년은 여름밤 반딧불이가 두어 번 깜박인 정도의 시간밖에 되지 않는다.

생명의 나이는 곧 유전자의 나이다. 어떤 생물 개체와 동식물의 군집도 유전자처럼 오래 존속하지 않았다. 오직 유전자만이 40억 년 가까운 시간 동안 생존하고 번성했다. 유전자는 다양한 기계를 만들어 생존에 성공했다. 호모 사피엔스는 대단히 복잡한 생존기계다. 우리는 개인으로 그리고 때로는 집단으로 생존경쟁을 한다. 다른 종도 마찬가지다. 하지만 그 모든 것은 겉보기 현상에 지나지 않는다. 궁극적으로 보면 자연선택은 유전자 차원에서 이루어진다.

도킨스의 이론은 사람들의 마음을 상하게 했다. 『이기적 유전자』를 읽고 인생관이 무너졌다며 저자와 편집자에게

항의 편지를 보낸 독자도 있었고 학생들이 허무주의에 물들까 두려워 책을 읽지 못하게 한 교사도 있었다. 하지만 모두가 그랬던 건 아니다. 적어도 나는 마음이 상하지 않았다. 허무주의에 빠지지도 않았다. 내가 유전자의 생존기계라는 사실을 감정 없이 받아들였다. 지구가 태양 주변을 돈다고 해서 속상해할 이유가 뭐 있는가. 사실은 도덕이 아니다. 가치도 아니다. 그저 사실일 뿐이다. 내가 무엇이며 왜 존재하는지 알아서 기뻤다. 도킨스의 이론이 진리가 아닐 수도 있다. 하지만 내가 아는 인문학 이론 중에 그 정도로 '그럴법한 이야기'는 없다. 자연이 만든 생존기계면 어떻고, 신이 흙으로 빚어 숨을 불어넣은 피조물이면 어떤가. 물질의 증거가 가리키는 사실을 사실로 받아들이면 된다.

'삶의 의미는 무엇인가?' 나는 인문학이 준 이 질문에 오랫동안 대답하지 못했다. 생물학을 들여다보고서야 뻔한 답이 있는데도 모르고 살았음을 알았다. '우리의 삶에 주어진 의미는 없다.' 주어져 있지 않기 때문에 찾지 못한다. 남한테 찾아 달라고 할 수도 없다. 삶의 의미는 각자 만들어야 한다. '내 인생에 나는 어떤 의미를 부여할까?' '어떤 의미로 내 삶을 채울까?' 이것이 과학적으로 옳은 질문이다. 그러나 과학은 그런 것을 연구하지 않는다. 질문은 과학적으로 하되 답을 찾으려면 인문학을 소환해야 한다. 그 질문에 대답하는 것이 인문학의 존재 이유이자 목적이다.

다시 말하지만 우리는 대단히 복잡하고 독특하게 발전

우리는 왜 존재하는가

한 생존기계다. 유전자가 명하는 본능에 따라 사는 데 만족하지 않는다. 존재의 의미를 탐색하고 감정을 느끼며 도덕적 판단을 내린다. 모든 종에게 유전자는 똑같은 명령을 내렸다. '성장하라. 짝을 찾아라. 자식을 낳아 길러라. 그리고 죽어라. 너의 사멸은 나의 영생이다. 너의 삶에는 다른 어떤 목적이나 의미가 없다.' 그런데도 인간은 목적을 추구한다. 살아서는 유전자의 굴레를 완전하게 벗어날 수 없다는 사실을 인정하지만 그 굴레에 묶여 사는 것을 받아들이지는 않는다. 그런 점에서 나는 호모 사피엔스를 '진화가 만든 기적'으로 본다. 내가 기적의 산물임을 뿌듯한 기분으로 받아들인다. 이기적 유전자 이론은 내 자존감을 높여 주었다. 나는 이렇게 마음먹었다.

'나는 유전자가 만든 몸에 깃들어 있지만 유전자의 노예는 아니다. 본능을 직시하고 통제하면서 내가 의미 있다고 여기는 행위로 삶의 시간을 채운다. 생각과 감정을 나눌 수 있는 사람들과 교류하면서 가치 있다고 여기는 목표를 추구한다. 살아 있는 마지막 순간까지 삶의 방식을 선택할 권한을 내가 행사하겠다. 유전자·타인·사회·국가·종교·신, 그 누구 그 무엇에도 의존하지 않겠다. 창틀을 붙잡고 선 채 죽은 그리스인 조르바처럼!'

생물학 패권주의

이제 『이기적 유전자』에서 충격을 받은 사연으로 넘어가자. 그 이야기는 미국 생물학자 윌슨이 1975년 출간한 『사회생물학: 새로운 종합』Sociobiology: The New Synthesis에서 펼친 주장과 관계가 있다. 윌슨은 현대의 고전 반열에 오른 그 책에서 누구도 말한 적이 없는 견해를 제출했다. 자연학의 관점에서 보면 인문학과 사회과학은 생물학의 특수 분야이고, 역사학·전기·문학은 인간 행태의 관찰 보고이며, 인류학과 사회학은 영장류의 한 종에 대한 사회생물학일 수 있다는 것이다. 이 주장에 대해 인문학자들은 격한 감정을 표출했다.[12]

사회생물학은 "사회성 행동의 생물학적 측면을 연구하는 학문"이다.[13] 사회생물학자는 다윈주의를 바탕으로 자연

---

12 우리나라 인문학자들도 윌슨을 감정적으로 배척했다. 관심 있는 독자에게는 『사회생물학 대논쟁』(김동광·김세균·최재천 엮음, 이음, 2011)을 추천한다. 2009년 11월 7일 서울대 사회과학연구원과 이화여대 통섭원이 한국과학기술학회와 함께 '부분과 전체: 다윈, 사회생물학, 그리고 한국'이라는 주제로 연 학술 심포지엄의 발표 논문 여섯 편을 묶은 책이다. 윌슨의 이론을 생물학적 환원주의로 규정한 사회학자 김환석의 「생물학적 환원주의와 사회학적 환원주의를 넘어서」와 사회생물학을 생물학 패권주의라고 비판한 문화인류학자 이정덕의 「지식대통합이라는 허망한 주장에 대하여: 문화를 중심으로」가 흥미로웠다.

13 존 올콕 지음, 김산하·최재천 옮김, 『(다윈 에드워드 윌슨과) 사회생물학의 승리』, 동아시아, 2013, 18~19쪽.

선택이 동물 사회와 동물의 사회성 행동에 어떤 작용을 했는지 설명한다. 인간도 동물이므로 같은 분석도구로 인간 사회와 인간의 사회성 행동을 연구할 수 있다. 사회생물학은 그런 관점을 견지하고 인문학의 세계로 건너왔다. 인간의 사회적 행동에 '자연선택을 통해 진화한 생물학적 기초'가 있다는 전제를 두고 사회제도와 문화양식을 연구하면 인문학과 다른 각도에서 대상을 관찰하고 인문학과는 다른 질문을 하게 된다.[14] 종교를 예로 들어 이야기하겠다.

나는 어릴 때부터 종교에 대해 여러 의문을 가졌고 독서와 대화와 경험으로 답을 생각해냈다. 대략 이런 것이다. 신은 존재하는가? 아니다. 누구도 신의 존재를 증명하지 못했다. 증명할 책임은 신을 믿는 사람에게 있다. 종교가 인간을 구원할 수 있는가? 아니다. 종교는 인간이 만들었고 종교인은 보통 사람과 다르지 않다. 종교는 도덕을 제공하는가? 그렇다. 그렇지만 종교가 없다고 해서 도덕을 세울 수 없는 건 아니다. 서로 교류하지 않았던 동서고금의 모든 문명에

---

14 '사회적 행동의 생물학적 기초'를 정리한 학술적 교과서로는 『행동생태학』(니콜라스 B. 데이비스 외 지음, 김창회 외 옮김, 자연과 생태, 2014)이 있다. 학술적 분석도구를 거의 쓰지 않으면서 인간 심리와 행동을 사회생물학으로 해석한 교양서 중에는 『오래된 연장통』(전중환 지음, 사이언스북스, 2014)과 『당신의 몸짓은 개에게 무엇을 말하는가?』(패트리샤 맥코넬 지음, 신남식·김소희 옮김, 페티앙북스, 2011) 등이 재미있었다. 내가 우연히 읽은 책을 소개했을 뿐이니 가볍게 참고하시기 바란다.

비슷한 도덕규범이 있다. 종교가 없었어도 인간은 도덕규범을 세웠을 것이다. 신이 인간을 창조했는가? 아니다. 인간이 신을 창조했다. 인간은 왜 신을 창조했는가? 삶의 유한성을 넘어서려는 욕망을 채우고 싶어서였다. 그렇다면 종교는 무엇인가? 종교는 믿는 자에게 진리이고 믿지 않는 자에게는 망상이며 권력자에게는 유용한 통치도구다. 문과는 보통 이런 식으로 묻고 답한다.

사회생물학의 질문은 인문학과 다르다. '어떤 적응의 이익이 있기에 호모 사피엔스라는 종의 군집에서 종교행위가 진화했는가?' 신의 숫자와 이름과 교리는 다르지만 모든 문명에 종교가 있었고 지금도 있다. 초월적 존재를 믿고 종교 공동체에 속하려는 성향은 호모 사피엔스라는 종의 보편적 특성으로 인정할 수 있다. 다윈주의 관점에서 보면 그러한 행위 양식이 인간 사회에서 진화한 것은 '적응의 이익'이 있기 때문이다. '적응의 이익'은 생존과 번식에 성공할 가능성을 높이는 요소를 가리킨다.

종교를 믿는 사람이 그렇지 않은 사람보다 더 잘 생존했다면 이유는 무엇인가? 혹시 종교 자체가 '적응의 이익'이 있는 게 아니라 '적응의 이익'을 제공하는 다른 요소가 종교라는 형식으로 존재를 드러내는 것은 아닐까? 그렇다면 그 다른 요소는 무엇이며 왜 하필 종교라는 형식으로 자신을 표현했는가? 답을 이야기하려는 게 아니다. 갖가지 이론이 있지만 모두가 인정하는 통설이 있는 것 같지는 않다. 나

　　　　　　　　우리는 왜 존재하는가

도 뭐가 맞는지 모른다. 내가 흥미를 느낀 것은 답이 아니라 질문이다. 사회생물학의 질문은 내용과 형식 모두 인문학과 다르다. 옳고 그름을 떠나서, 인문학과 다른 관점으로 다른 각도에서 인간과 사회를 살핀다는 것이 매력이다.

인문학자는 왜 윌슨에게 화를 낼까? 윌슨의 논리는 문제가 없다. 인간은 동물에 속하니까 인간의 생각과 행동을 연구하는 인문학을 사회생물학의 한 분야로 볼 수 있다. 하지만 인간은 다른 동물과는 차원이 다르다. 결정적인 차이는 지성이다. 인간은 자기 자신을 이해하고 유전자의 폭정에 저항할 줄 아는 유일한 종이다. 인문학의 표현으로는 지성적 존재다. 그런 특별한 존재를 연구하는 인문학이 어찌 사회생물학의 하위 분야가 될 수 있다는 말인가. 게다가 인문학은 수천 년 역사와 전통을 가진 반면 사회생물학은 20세기 후반에 생긴 신생 학문이다. 화를 내는 인문학자의 심정에 나는 공감한다. 그렇지만 굽히지 않고 자신의 노선을 지킨 윌슨에게도 공감한다. 3년 뒤 낸 책에서 윌슨은 더 과격한 주장을 내놓았다. 다윈주의를 받아들이지 않으면 인문학이 학문으로 성립하기 어렵다고 한 것이다.

인류가 자연선택을 통해 진화한다면 우리 종은 신이 아니라 유전적 우연과 환경적 필연의 산물이다. 지난 세기 과학 탐구의 철학적 유산인 이 명제를 인정하지 않으면 인문학과 사회과학은 물리학 없는 천문학이나 화학 없

는 생물학이 될 것이다.[15]

물리학과 화학이 없으면 천문학과 생물학은 존립하기 어렵다. 윌슨은 인문학이 다윈주의를 거부하면 학문 자격이 없다고 말한 셈이다. '생물학 패권주의'라는 비난이 쏟아질 만했다. 윌슨은 실제로 공공장소에서 욕설을 듣기도 했다. 그렇지만 그가 틀린 말을 한 건 아니다. 인간은 분명 유전적 우연과 환경적 필연이 작용한 자연선택의 산물이고, 문명은 우리 종이 진화를 통해 획득한 본성의 표현이라고 할 수 있다. 문명의 힘으로 본능을 어느 정도는 관리하고 통제할 수 있지만 본성 그 자체를 역사의 시간에 바꾸지는 못한다. 한 종의 본성이 달라지는 데는 역사의 시간과 비교할 수 없을 만큼 긴 진화의 시간이 필요하다.

윤리학자 싱어Peter Singer(1946~)는 인문학자들에게, 특히 다윈주의를 오해하고 배척하는 좌파에게 사회생물학을 받아들이라고 권했다. 삶의 영역을 문화에 따라 크게 다른 것(경제구조, 정부형태), 조금 다른 것(결혼제도, 인종주의), 차이가 전혀 없는 것(사회적 위계)으로 나누고, 유토피아에 대한 이상이 아니라 인간 본성에 내재한 경향성에 근거를 둔 개혁 정책을 추진하라고 충고했다.[16] 인간 본성과 마찰을 덜

---

15   에드워드 윌슨 지음, 이한음 옮김, 『**인간 본성에 대하여**』, 사이언스북스, 2011, 24쪽.

일으키는 과제에 집중하라는 말이다.

앞에서 나는 다윈주의와 관련해 우파와 좌파 모두 오류를 저질렀다고 말했다. 우파는 진화라는 사실을 도덕으로 만들었다. 사실은 도덕이 아니다. 자연에 존재한다고 해서 다 아름답고 좋은 건 아니다. 생물은 어디서나 생존경쟁을 한다. 그러나 그렇다고 해서 생존경쟁이 아름답거나 고귀하다고 하는 건 어리석다. 반면 좌파는 도덕에 반한다는 이유로 사실을 무시했다. 자연선택과 진화는 특정한 방향이 없다. 인간도 생존과 번식을 위해 경쟁하며 인간에게도 보편적인 생물학적 본성이 있다. 좌파는 이런 사실을 무시하고 자신의 이상에 따라 사회를 재조직했다가 대형 참극을 저질렀다.

마르크스는 이기심·소유욕·지배욕을 포함해 계급 착취와 대립을 일으키는 모든 종류의 의식을 생산수단에 대한 사적 소유를 기반으로 한 경제적 토대의 산물로 규정했다. 인간을 그렇게 이해하면 폭력혁명과 계급독재가 필요하다고 주장할 수 있다. 계급 착취를 폐지하려면 사유재산 제도에 근거를 둔 사회구조를 변혁해야 하는데 지배계급이 고분고분 받아들일 리 없다. 부르주아지(유산계급)는 국가 폭력을 동원해 혁명을 탄압한다. 혁명을 성취하려면 부르주아지의 국가 폭력을 더 큰 폭력으로 제압해야 한다. 그런 폭력을 확보하려면 프롤레타리아트(무산계급)를 조직하는 수밖

16   피터 싱어 지음, 최정규 옮김, 『다윈주의 좌파』, 이음, 2011, 62~68쪽.

에 없다. 그 힘으로 부르주아지를 타도하고 국가권력을 장악하면 독재를 실시해 계급을 철폐한다. 계급 대립이 사라지면 국가도 존재할 필요가 없다. 계급 대립으로 얼룩졌던 낡은 사회는 사라지고 각자의 자유로운 발전이 전체의 자유로운 발전의 조건이 되는 연합체가 그 자리를 차지한다. 마르크스는 『공산당선언』에 이러한 '공산주의 천년왕국의 꿈'을 펼쳐 보였다.

　다원주의 관점에서 보면 마르크스의 이론은 틀렸다. 다원주의자는 호모 사피엔스가 그런 꿈을 이룰 수 있는 종이 아니라고 본다. 그래서 마르크스주의자들은 다원주의를 받아들이지 않았다. 유물론 철학과 잘 어울리기 때문에 겉으로는 진화론을 인정했지만, 인간 심리와 행동에 자연선택이 만든 생물학적 기초가 있다는 명제는 부정했다. 마르크스는 인간 본성을 호모 사피엔스의 보편적 생물학적 속성이 아니라 사회적 관계의 총체로 보았다. 사회적 관계를 바꾸면 본성도 달라진다고 믿었다. 공산주의자는 '올바른 사상'을 지녔기 때문에 권력을 잡아도 오직 인민을 위해 봉사할 것이라고 확신했다. 꿈에 홀려 사실을 외면한 것이다. 마르크스 추종자들은 어느 시대 어느 권력자보다 무자비하고 집요하게 권력을 탐했다. 인민의 자유와 권리를 짓밟으면서 권력을 독점했다. 고대 황제보다 더 무분별하고 잔인하게 권력을 휘둘렀다. 그것이 변하기 어려운 인간의 본성이라는 사실을 보여줌으로써 마르크스의 생각이 틀렸다는 것을 반박할 여지가 없

　　　　　　　　우리는 왜 존재하는가

게 증명했다. 인류 역사에 이토록 비극적인 역설은 없다.

논리만 보면 윌슨이 옳다. 그러나 옳다고 해서 뭐든 실행할 수 있는 건 아니다. 생물학의 하위 분야가 되기에 인문학은 너무 크고 복잡하고 특수하다. 억지로 욱여넣으면 배보다 배꼽이 큰 꼴이 된다. 나는 윌슨이 그런 뜻으로 말한 것은 아니었다고 생각한다. 표현은 도발적이었지만 내용은 다윈주의를 받아들이라는 충고였다. 나는 이 충고를 배척할 합당한 이유를 찾지 못하겠다. '생물학 패권주의'를 걱정할 필요는 없다. 학문은 권력이 아니다. 권력을 쥔 사람이 학문을 탄압할 수는 있지만 어떤 학자의 주장이 다른 학문을 억누르지는 못한다. 인문학자는 여유롭게 윌슨을 대해도 된다.

사회생물학과 사회주의

이제 생물학에서 받은 충격을 구체적으로 이야기할 수 있을 듯하다. 사회주의가 실패한 이유는 무엇인가? 정치학자와 경제학자들은 여러 방식으로 설명했다. 다윈주의자인 나는 공산주의자들이 인간의 본성을 잘못 본 데 근본 원인이 있다고 본다. 사회제도는 변하기 어려운 인간의 생물학적 본성과 충돌하면 오래 지속하지 못한다. 사유재산을 폐지한 게 대표적이다. 그게 도덕적으로 나쁜 정책이었다는 뜻이 아니다. 도덕적 평가와 무관하게, 사유재산 제도를 폐지한 사회체제는 장기 존속할 수 없다는 말이다. 도킨스가 『이기적 유전자』에 소개한 동물 개체군의 행동 패턴 분석 모델을 보고 더 분명하게 알았다. 그렇게 단순한 이론으로 역사의 격변을 설명할 수 있다는 게 충격이었다. 'ESS 모델'을 간단하게 소개한다. ESS는 '진화적으로 안정한 전략'evolutionarily stable strategy을 줄인 말이다.

ESS는 어떤 군집의 대다수 개체가 일단 선택하면 다른 모든 전략을 능가하는 전략이다. 자연선택은 ESS를 벗어나는 전략을 징벌한다. 때로는 둘 이상의 전략이 '집단적으로 안정한 전략'CSS(collectively stable strategy)이 되기도 한다. 예컨대 '항상 배신'이라는 안정점과 'TFT'[17]라는 안정점이 공존하는 쌍안정 시스템이 있을 수 있다. 우연히 먼저 우위를 차지하는 전략이 일단은 우위를 유지하지만 또 다른 우연으로 우위가 바뀔 수도 있다.[18]

17   TFT(Tit For Tat)는 눈에는 눈 이에는 이, 또는 상대방을 믿고 협력하지만 배신행위는 응징하는 전략이다.

18   ESS는 『이기적 유전자』(리처드 도킨스 지음, 홍영남·이상임 옮김, 을유문화사, 2018) 158쪽과 403~405쪽을 참고해 서술하였다. 도킨스에 따르면 ESS 아이디어는 수학자 존 폰 노이만과 오스카어 모르겐슈테른의 게임이론과 진화생물학자 윌리엄 해밀턴의 유전학이론을 동물행동학에 적용하는 과정에서 메이너드 스미스와 동료 연구자들이 창안했다.

추상적인 설명보다는 적용 사례를 살펴보는 게 나을 듯하다. 진화생물학자들은 이 모델로 산란 터를 두고 경쟁하는 물고기, 굶고 돌아온 다른 개체한테 피를 게워 주는 흡혈박쥐 등 군집을 이루고 사는 동물의 행동을 설명한다. 여울의 돌 틈에 산란하는 물고기들은 적당한 장소를 찾으려고 경쟁한다. 우리나라 토종 민물고기 '쉬리'가 그렇다. 쉬리는 봄철 여울 돌 틈에 알을 낳는다. 어떤 암컷이 마음에 드는 곳을 차지했다. 그런데 다른 암컷이 와서 자리를 빼앗으려 한다. 두 개체를 '먼저'와 '나중'이라고 하자. '나중'에게는 선택지가 있다. 싸워서 그 자리를 빼앗거나 임자가 없는 다른 적당한 곳을 찾아 떠나는 것이다. 그 둘을 '전쟁'과 '평화'라고 하자. '먼저'도 선택지가 있다. 싸워서 지켜내는 '전쟁'과 자리를 비워주고 다른 곳을 찾아가는 '평화'다. '전쟁' 전략은 부상의 위험을 동반한다. 반면 '평화' 전략에는 적절한 산란 터를 제때 찾지 못할 위험이 따른다.

모든 개체가 '평화'를 전략으로 선택하면 여울이 조용하겠지만 그렇게 되지 않는다. 대다수가 '평화'를 선택하는 경우 '전쟁'을 선택하는 개체는 막대한 적응의 이익을 얻는다. 단 하나의 암컷만 '전쟁' 전략을 쓰는 경우, 그 암컷은 마음에 드는 곳 어디든 차지한다. 번식에 성공할 가능성이 높기 때문에 '전쟁' 전략을 쓰는 개체가 점점 늘어난다. 그렇게 해서 모든 암컷이 '전쟁' 전략을 선택하게 되었다고 하자. 이럴 때 어느 암컷이 '평화' 전략을 쓰면 큰 적응의 이익을 얻는다. 다른 개체들이 모두 피투성이가 되게 싸우는 동안 임자 없는 곳에 알을 낳을 수 있기 때문이다. 그러면 '평화' 전략을 쓰는 개체가 늘어난다.

'나중'은 유연한 전략을 구사할 수도 있다. '전쟁'을 할 것처럼 을렀다가 상대가 같은 전략으로 나오면 '평화'로 전환하는 것이다. 싸울 것처럼 을렀다가 상대가 피하면 자리를 빼앗고 상대가 맞서면 다른 곳을 찾아가는 전략이다. '먼저'도 마찬가지로 맞서 싸울 것처럼 하다가 상대가 떠나면 자리를 지키고 상대가 정말 대들면 자신이 떠나는 전략을 쓸 수 있다. 쉬리 무리가 이런 게임을 반복하다 보면 어떤 단일한 행동방식이 ESS가 될 수도 있고 서로 다른 전략을 구사하는 개체가 일정 비율로 섞인 CSS가 출현할 수도 있다. 어떤 안정점이 생기느냐는 군집의 개체 수와 생존 환경 등 여러 요소에 달려 있다.

흡혈박쥐의 상리공생도 같은 모델로 설명할 수 있다. 흡혈박쥐는 신진대사가 너무 빨라서 며칠만 굶으면 죽는다. 최선을 다해 사냥하고 실패한 날은 얻어먹으며 사냥에 성공한 날은 실패한 박쥐한테 피를 게워 주는 것을 '정직' 전략, 실패한 날은 얻어먹고 성공한 날은 게워 주지 않는 것을 '배신' 전략이라고 하자. 흡혈박쥐 무리의 모든 개체가 '정직'한 경우 '배신'의 이익이 매우 크기 때문에 '배신'하는 개체가 생존하고 번식하는 데 유리하다. '배신'하는 개체가 늘어나면 '정직'한 개체는 적절한 대응전략을 찾아야 한다. 가장 간단한 것이 일단은 모두가 '정직'하다고 가정하고 행동하지만 한 번 배신한 개체한테는 피를 게워 주지 않는 소위 TFT 전략이다. 한 번 '배신'은 실수로 인정해 눈감아주고 두 번째 '배신'부터 응징하는 '관대한 TFT' 전략도 있다. '배신'과 '관대한 TFT'를 쓰는 개체가 일정 비율로 섞여 흡혈박쥐 무리의 '집단적으로 안정한 전략'을 형성하는 쌍안정 시스템이 생길 수도 있다.

'전략'이라는 말을 조심해서 해석하자. '전략'은 인문학의 언어다. 사람은 어떤 목적을 이루려고 '전략'을 구사한다. 그러나 쉬리나 박쥐는 전략을 구사하는 지적 생명체가 아니다. 유전자의 명령 또는 본능에 따라 생존하고 번식할 뿐이다. ESS 모델에서 개체는 전략을 구상하지 않으며 본능에 따라 행동한다. 진화적으로 안정한 '전략'은 결과적으로 개체군 안에서 안정적으로 우세한 지위를 차지한 행동양식을 가리키는 말일 뿐이다. '자연선택이 ESS에서 벗어난 전략을 징벌한다'는 말도 마찬가지로, ESS가 아닌 방식으로 행동하는 개체가 생존과 번식에 실패할 확률이 높다는 뜻이다. 과학의 사실에 문학의 옷을 입히면 부작용이 생긴다는 걸 몰라서 그렇게 말한 게 아니다. 수학을 모르는 독자를 위해 인간의 언어로 말하려니 그렇게 되었다.

생물학자들은 주저하는 경향이 있지만 ESS 모델은 인간 군집에도 적용할 수 있는 형태의 게임이론이다.[19] 사회주의 체제 붕괴와 같은 역사적 사건을 설명하는 데 쓸 수 있다.

윌슨이 아무 근거 없이 인문학을 동물행동학의 특수 분야가 될 수 있다고 했겠는가. 그렇다면 어떻게 동물행동학 모델로 역사의 사건을 설명할 수 있을까?

소련 공산당은 모든 권력을 완전히 독점했다. 레닌이 뇌졸중 후유증으로 젊은 나이에 세상을 떠난 직후 권좌를 이어받은 스탈린은 차르보다 더한 독재자가 되었고 차르보다 더한 숭배를 받았다. 공산당은 모든 기업을 국가 소유로 만들었고 농촌을 사회주의 집단농장으로 개조했다. 평등이라는 가치를 내세워 만인에게 일자리를 주었지만 열심히 창의적으로 일하는 사람과 그렇지 않은 사람에게 동일한 보상을 주었다. 소련 인민에게 체제는 '주어진 환경'이어서 누구나 어떻게든 적응해야 했다. 선택 가능한 적응 전략은 둘이었다. '성실'과 '태만'이라고 하자.

'성실'은 사회주의 이상사회 건설을 위해 특별한 보상을 받지 못해도 최선을 다해 열심히 일하는 전략이다. '태만'은 직장에서는 표 나지 않게 게으름을 피우고 퇴근한 뒤에 텃밭 농사와 가사 노동에 집중하는 전략이다. 어느 쪽이 적응의 이익이 클까? 달리 표현하면, 어느 전략이 생존에 유리했을까? 말할 필요도 없이 '태만'이었다. '성실'하면 건강

---

19   ESS 모델의 토대가 된 게임이론을 더 알고 싶은 독자에게는 게임이론으로 진화생물학과 경제학을 융합한 『**이타적 인간의 출현: 게임이론으로 푸는 인간 본성 진화의 수수께끼**』(최정규 지음, 뿌리와이파리, 2009)를 추천한다.

을 해치고 일찍 죽었다. 소련 정부가 사회주의 리얼리즘의 모범이라고 추켜세웠던 니콜라이 오스트롭스키의 소설『강철은 어떻게 단련되었는가』는 '성실' 전략을 택한 청년 공산주의자의 운명을 가감 없이 보여주었다. 투철한 사명감으로 무장한 열혈 공산주의자들은 과로사하거나 반혁명분자로 몰려 처형당했다.

결과적으로 '태만'이 소련이라는 인간 군집의 '진화적으로 안정한 전략'이 되었다. '성실'과 '태만'이 공존하는 '쌍안정 시스템'이라도 되었다면 체제가 그토록 허망하게 무너지지는 않았을 것이다. 소련의 권력자들은 문제를 직시하지 않았다. 인간 심리와 행동의 밑바닥에 생물학적 제약조건이 자리 잡고 있다는 사실을 인정하지 않았다. 이기심과 가족에 대한 집착 같은 성향은 사적 소유를 토대로 한 계급사회의 산물이기 때문에 사회구조를 바꾸고 교육을 실시하면 없앨 수 있다고 믿었다. 알렉세이 스타하노프라는 광부를 노동영웅으로 내세워 노동자의 사명감을 고취하고 기술혁신을 북돋우려 했다.

그러나 미하일 고르바초프가 1985년 공산당 서기장에 취임한 직후 개탄한 바와 같이 '스타하노프 운동'은 소용이 없었다. 소련은 철강과 석유 생산량이 세계 1위였는데도 물자와 에너지가 부족했다. 곡물 생산량이 세계 1위였지만 해마다 사료를 대량으로 수입했다. 인구 대비 의사와 병상 수가 세계 1위인데도 의료서비스 공급이 부족했다. 혜성을 추적하는 로켓은 잘 만드는데 가정용 전기제품은 품질이 형편 없었다.[20] 국민 대다수가 '태만'을 생존 전략으로 선택한 사회는 혁신과 발전을 이룰 수 없다. 소련은 미국이 아니라 인간의 생물학적 본성과 싸우다 졌다.

ESS 모델은 민주주의 사회의 제도를 설명하는 데도 쓸 수 있다. 예컨대 우리나라 국민건강보험은 가입자가 진료비의 일부를 부담하게 한다. 왜 무상의료제도를 실시하지 않는 걸까? 국민건강보험 가입자는 소득 수준에 따라 보험료를 내고 보험료 액수와 상관없이 보험급여 혜택을 받는다. 의료 서비스 시장에는 수요자(환자)와 공급자(의사와 병원)가 있다. 그들은 각자 두 전략을 쓸 수 있다. 수요자는 '적정' 이용과 '과잉' 이용, 공급자는 '적정' 진료와 '과잉' 진료다.

모든 수요자가 꼭 필요한 만큼 진료받는 '적정' 전략을 선택한다면 아무 문제가 없다. 완전 무상의료제도를 도입해도 된다. 그런데 이런 경우 '과잉'의 열매가 너무 달다. 입원비와 밥값과 진료비가 모두 무료니까 어떤 수요자는 몸이 조금만 불편해도 여러 병원을 다니며 '의료 쇼핑'을 한다. 심지어는 크게 아프지 않은데도 외롭거나 심심해서 입원하기도 한다. 한여름과 한겨울에는 냉난방이 잘되는 병원이 집보다 나을 수 있다. 다시 말하지만 우리의 뇌는 생존을 위해

---

20   미하일 고르바초프 지음, 이봉철 옮김, 『페레스트로이카』, 중원문화, 1988, 29쪽.

만들어진 기계다. 그런 행위가 옳은지 여부를 따지는 것은 생존이 아니라 자신을 이해하는 일과 관련이 있다. 뇌는 대체로 본업을 앞세운다. 욕망이 이성보다, 이익이 도덕보다 힘이 세다. 다수의 가입자가 '과잉' 전략을 선택한다면 국민건강보험공단은 끝없이 보험료를 올려야 한다. 그런 사태를 막으려고 진료비 일부를 가입자가 부담하게 하는 제동장치를 만든 것이다.

공급자도 다르지 않다. 모두가 '적정'을 택하면 건강보험공단은 급여청구서 그대로 돈을 지급하면 된다. 하지만 공급자가 꼭 필요하지 않은 의료서비스까지 최대한 제공해 매출을 올리는 '과잉' 전략을 선택할 경우 건강보험 재정 지출은 폭발한다. 전교 1등 출신들이 의과대학에 가서 의사가 되고 병원을 운영하지만 그들의 뇌도 생존이라는 본업에 충실하다. 그래서 국민건강보험공단은 심사평가원이라는 전문가 조직을 만들었다. 심사평가원은 진료 정보를 실시간으로 분석한다. '과잉' 진료와 '과잉' 청구를 한 징후가 보이는 의료기관을 조사해 부정하게 청구한 보험급여 지급금을 회수하고 영업 정지 처분을 내린다. 그러나 '적정' 전략이 공급자 집단의 ESS가 되는 이상적 상태에는 도달하지 못한다. '적정'이 우세한 가운데 일부 '과잉'이 공존하는 '쌍안정 시스템'을 이루는 것을 현실적인 목표로 삼는다.

경제학은 이 문제를 '주인-대리인principal-agent 모델'로 설명한다. 정보 비대칭 현상 때문에 소비자 주권이 성립하기 어려운 시장의 문제를 다루는 이론이다. 의료서비스 시장이 대표적이다. 소비자인 환자는 자신의 병이 무엇인지, 어떤 치료가 필요한지, 병원과 의사가 적절한 진료와 치료를 제공했는지, 진료비를 적정하게 청구했는지 판단할 능력이 없다. 질병과 의학적 치료에 대한 정보는 공급자만 가지고 있다. 이런 시장을 방치하면 필연적으로 공급자가 소비자를 착취한다. 그래서 대리인이 필요하다. 국민건강보험공단이 보험 가입자인 국민의 대리인이 되어 의료서비스 가격을 책정하고 심사평가원은 공급자와 동등한 수준의 의학 정보를 가지고 과잉 진료와 부당 청구를 막는다. ESS 모델과 '주인-대리인 모델'은 상충하지 않지만 같지도 않다. 같은 대상을 다른 관점에서 다른 개념으로 설명한다. 둘 모두를 알면 하나만 아는 경우보다 인간과 제도를 더 잘 이해할 수 있다.

　말이 나온 김에 비슷한 문제가 있는 제도를 하나 더 살펴보자. 대부분의 문명국가에는 가난한 사람에게 의료서비스를 무상 제공하는 제도가 있다. 우리나라의 의료급여 제도가 그런 것이다. 이 제도의 문제도 ESS 모델로 설명하기에 좋다. 국민기초생활보장법은 노동능력이 전혀 없거나 재산과 소득이 정해진 수준보다 적은 시민에게 생계급여와 의료급여 등 여러 가지 현금이나 현물 지원을 국가에 청구할 권리를 준다. 시민들은 '정직' 전략과 '기만' 전략 가운데 하나를 선택할 수 있다. 모두가 '정직'을 선택하면 아무 문제가 없다. 요건에 맞는 사람은 신청하고, 정부는 신청하는 모든 시민에게 수급권을 주면 된다. 그런데 그런 상황에서는 '기만'의 열매가 너무 달콤하기 때문에 '기만'을 선택하는 사람이 반드시 나온다. 그래서 정부는 신청자의 재산과 소득을 확인한다. 속여서 받은 사람은 지원금을 회수하고 처벌한다. 정부가 개입해 TFT 전략을 실행하는 것이다.

그렇게 해서 국민기초생활보장제도의 부정 수급자가 완전히 사라졌다고 하자. 실제로 가능한 일은 아니다. 많든 적든 부정 수급자는 언제나 있기 마련이다. 편의상 없다고 가정하자는 말이다. 그래도 의료급여에는 의료비 지원 액수를 미리 확정할 수 없어서 큰 문제가 생긴다. 의료급여 수급권자는 '적정'과 '과잉' 중에서 전략을 선택한다. 모두가 '적정'을 선택하면 좋겠지만 '과잉'의 열매가 달면 그렇게 되지 않는다. 감기나 기관지염 하나로 병원 열 곳을 찾는 사람이 생긴다. 더 실력 있는 의사를 만나기 위해서다. 무더위나 혹한 때는 아프지 않아도 병원에 입원하려 한다. 수요자의 '과잉'이 공급자의 '과잉'과 만나면 문제가 더 심각해진다. 실제로는 진료를 받지 않으면서 매일 여러 병원을 돌고, 실제로는 약을 받지도 않으면서 처방전을 약국에 넘겨주고 용돈을 받을 수 있다. 일반의약품인 파스와 피부연고를 대량 처방받아 남에게 파는 방법도 있다. 모두가 실제로 일어났던 일이다.

오남용을 막으려면 의료급여 수급권자마다 담당 병원과 의사를 지정하고 병원 진료와 약품 처방 현황을 실시간으로 파악하는 시스템을 도입해야 한다. 생존이라는 본업에 충실한 뇌를 가진 시민들은 이런 정책을 반긴다. 자기 이해라는 아름다운 부업에 끌리는 뇌를 가진 시민들은 가난한 사람을 의심하고 차별하는 행위라고 비판한다. 다윈주의자는 반기지도 비판하지도 않는다. 불가피한 일로 여길 뿐이다. 17년이나 지난 일이다. 나는 우파가 붙여준 좌파 딱지를 이마에 붙인 채 보건복지부에서 일하면서 의료급여 제도에 이런 장치를 도입하려 했다가 좌파의 비난을 한몸에 받았다. '다윈주의 좌파'의 운명으로 여겼다.

수학·게임이론·동물행동학·유전학 등 여러 학문의 도구와 문제의식을 결합한 ESS 모델은 사회제도의 구조와 결함을 진단하는 데 활용할 수 있다. 하지만 그렇다고 해서 인문학을 사회생물학의 하위 분야로 편입할 수 있다는 증거가 되는 건 아니다. 인간의 의식과 행동에 자연선택이 만든 생물학적 기초가 있다는 것은 분명하지만 그것만으로 인간과 사회를 다 설명할 수는 없기 때문이다. 그래서 나는 윌슨의 견해를 온건한 형태로 받아들인다. '인문학과 생물학 사이에 차원을 나누는 경계는 없다. 인문학은 인간 의식과 행동에 대한 생물학의 연구 결과를 적극 받아들여 활용하는 게 바람직하다.' 이 정도만 해도 윌슨 선생은 만족할 것이다.

　　　　　　　　　우리는 왜 존재하는가

이기적이라고 유전자를 비난할 필요는 없다. 유전자는 '몸 만들기 매뉴얼'을 지닌 물질일 뿐이다. 물질은 도덕적 평가의 대상이 아니다. 그렇지만 도킨스가 유전자를 사람에 비유한 탓에 여러 오해가 생겼다. 분명히 해두자. 유전자는 적어도 100만 년 단위로 나이를 헤아려야 할 정도로 오래 생존하는, 끝없이 자기를 복제하면서 여러 생존기계의 몸을 옮겨 다니는, 네 가지 염기가 특수한 순서로 이어진, 충분히 작아서 잘 흩어지지 않는 염색체 조각이다. 목적의식이나 지향 같은 건 없다. 끝없이 자기를 복제하면서 온갖 생존기계를 만들 따름이다.

유전자의 생존기계는 성장해서 짝을 찾아 자손을 낳고 죽으라는 명령을 수행한다. 그런 면에서 모든 생존기계는 이기적이다. 그러나 그것이 같은 종의 다른 개체나 다른 종의 개체와 협력하지 않는다는 뜻은 아니다. 자연은 오로지 남을 죽여야만 생존하는 검투장이 아니라 공감·협력·거래·공존의 무대이기도 하다. 협력 전략으로 생존하는 데 성공한 사례도 많다. 그러나 호모 사피엔스 말고는 어떤 종 어떤 개체도 생존에 유리하다고 판단해서 특정한 행동방식을 선택하지는 않는다. 협력이 생존에 유리한 환경에서는 자연선택에 따라 결과적으로 협력 행동을 부추기는 유전자가 퍼졌고, 대결이 생존에 유리한 환경에서는 결과적으로 대결 행동을 부추기는 유전자가 살아남은 것이다. 인간을 포함해 진화가 빚어낸 모든 종은 의도적 설계가 아니라 자연선택이라는 필연과 유전적 우연의 산물이다. 생물학자들이 즐겨 거론하는 협력 생존의 사례를 몇 가지 소개한다.[21]

수백만 년 전 바닷물에 떠다니던 박테리아가 더 큰 세포와 결합했다. 동물 세포에서 에너지를 생산하는 미토콘드리아다. 사람 세포에도 물론 있다. 우리 몸 안팎에는 아직 다 파악하지 못했을 정도로 다양한 생물과 세균이 서식한다. 그들의 세포 수를 합치면 인간 세포 수와 맞먹는다. 특히 대장을 비롯한 내부 장기의 미생물 군집은 음식물 소화와 비타민 합성을 비롯해 인간 생존에 필수적인 사업을 수행한다. 꽃을 피우는 식물은 다른 종보다 늦게 생겼는데도 곤충과 성공적으로 협력한 덕에 번성했다. 개미는 수천만 마리가 하나의 생물처럼 협력하며 살아간다. 호모 에렉투스나 네안데르탈인과 일정 기간 공존했던 호모 사피엔스가 절멸을 피하고 생태계 최상위 포식자가 된 것은 소통하고 협력하는 능

---

[21] 이 사례들은 『다정한 것이 살아남는다』(브라이언 헤어·버네사 우즈 지음, 이민아 옮김, 디플롯, 2022) 19~32쪽에서 가져왔다. 저자들은 진화론에 대한 부정적 편견을 지나치게 의식한 나머지 경쟁이 아니라 협력이 우리 종의 생존에 가장 중요하다고 주장한다. 이런 관점이 타당한지 여부는 논쟁할 여지가 있다. 그러나 인간을 포함한 여러 동물의 공감 능력과 협력 행동에 대해 저자들이 하는 이야기를 들으면 자연과 생명과 인간을 더 밝고 따뜻한 시선으로 보게 된다는 것만은 분명하다.

력 덕분이었다.

　자연은 경쟁과 협력을 차별하지 않는다. 생존과 번식이라는 이기적 목적을 실현하는 전략이라는 면에서 둘을 평등하게 대한다. 그런데 어떤 생존기계는 단순히 협력하는 데 그치지 않고 이타 행동을 한다. 생물학 언어로는 '자신의 생존 가능성을 낮추고 다른 개체의 생존 가능성을 높이는 행위', 인문학 언어로는 '자신이 가진 희소한 자원을 타인의 복지를 위해 사용하는 행위'를 한다. 일단 생물학 언어로 이야기하자. 호모 사피엔스만 이타 행동을 하는 건 아니기 때문이다. 거의 모든 동물이, 고등동물일수록 더 확실하게, 그런 의미의 이타 행동을 한다.

　이타 행동이 진화한 이유를 밝히는 것은 생물학의 오래된 숙제다. 다윈을 비롯해 여러 생물학자들이 갖가지 이론을 내놓았지만 아직 완전하게 해명하지는 못했다. 개체의 이타 행동은 자연선택 이론에 어긋나는 것처럼 보인다. 이타 행동을 유발하는 형질을 가진 개체는 자손을 남길 확률이 상대적으로 낮다. 자연선택은 그런 형질을 제거한다. 그런데도 동물의 이타 행동은 사라지지 않았다. 고등동물일수록 더 다양한 이타 행동을 한다. 『종의 기원』 출간 이후 100여 년이 지나서야 그럴듯한 이론이 나왔다. 영국 생물학자 해밀턴William Hamilton(1936~2000)의 '포괄적응도'包括適應度(inclusive fitness) 이론이다. 1960년대 생물학 전문 학술지에 발표한 해밀턴의 논문은 수학 공식이 난무하기 때문에 문과는 독해할 수 없다. 그래서 인간의 언어를 쓴 다른 학자의 해설을 가져왔다.

개미는 암수 결정 방식이 특이하다. 생물은 보통 염색체 수가 2n개인 '두배수체'diploid다. 그런데 개미 수컷은 수정되지 않은 난자에서 나오기 때문에 염색체수가 n개인 '홑배수체'haploid다. 어미 염색체 2n개의 절반만 가지고 있다. 반면 수정란에서 태어나는 암컷은 어미와 아비한테서 받은 유전자를 다 지니고 있다. 여왕개미가 수컷 한 마리와 교미해서 받은 정액을 보관해 두고 계속해서 난자를 수정한다고 하자. 이 경우 딸들은 75퍼센트 확률로 유전자를 공유한다. 계산 방법은 간단하다. 아비의 염색체는 원래 n개뿐이어서 모든 딸이 똑같은 것을 받는다. 딸들의 유전자는 일단 절반 완벽하게 동일하다. 여왕개미의 유전자는 염색체 감수 분열을 통해 절반만 딸에게 넘어간다. 딸들이 모계 유전자를 공유할 확률은 50퍼센트다. 절반인 아비 유전자는 모두 같고 나머지 절반인 어미 유전자는 50퍼센트 확률로 공유하니 자매 개미들의 평균 유전 연관도는 75퍼센트가 된다. 양성생식을 하는 다른 종의 형제자매 유전 연관도 50퍼센트보다 높다.[22]

---

22   해밀턴의 유전 연관도 모델은 『(다윈 에드워드 윌슨과) 사회생물학의 승리』(존 올콕 지음, 김산하·최재천 옮김, 동아시아, 2013) 146~147 쪽을 참고해 서술하였다.

해밀턴은 이 사실로 개미의 이타 행동을 설명했다. 일꾼 개미가 자신의 번식을 포기하고 여왕개미의 출산과 양육을 돕는 '친족이타주의' 행동을 함으로써 직접 짝을 찾고 자식을 낳는 경우보다 가족의 고유한 유전자 세트가 생존할 가능성이 높아졌다. 개미가 의도를 가지고 그렇게 한다는 말이 아니다. 유전적 우연으로 생긴 본능 행동이 가족의 고유한 유전자 세트의 생존 확률을 높였기 때문에 결과적으로 '친족이타주의' 행동을 하는 개미 집단이 번성했다는 이야기다. 생물학자는 이것을 '개미 집단에서 친족이타주의 행동이 진화했다'고 표현한다.

개미의 이타 행동을 설명하는 데 유용한 이론이라면 호모 사피엔스에게도 적용할 수 있지 않을까? 그렇다. 해밀턴의 접근법은 인간을 포함해 모든 동물의 이타 행동을 설명할 수 있는 일반 이론이다. 인간이 개미와 같다는 게 아니다. 그런 정신 나간 주장을 하는 사람은 없다. 인간 수컷은 '홑배수체'로 태어나지 않는다. 아버지 없이 태어난 아들은 없다. 출산만 하는 암컷도 없다. 일꾼개미나 여왕개미처럼 사는 걸 누가 순순히 받아들이겠는가. 그러나 호모 사피엔스의 친족이타주의는 개미 못지않게 강력하다. 인간만 그런 게 아니다. 모든 동물이 자식을 낳는다. 자식을 먹이려 고된 노동을 하고 자식을 보호하려고 죽을 위험도 감수한다. 도대체 왜? 본능이라는 대답은 충분하지 않다. 왜 그런 본능을 가지게 되었는지 해명해야 한다. 열쇠는 개체가 아니라 유전자가 쥐고 있다.

해밀턴 모델은 이타 행동이 가족과 친족 안에서 먼저 나타나는 이유를 설명한다. 자식은 부모의 유전자를 절반씩 지니고 있다. 자신의 유전자를 자식만큼 많이 가진 개체는 세상에 없다. 부모한테는 자식이 자신만큼 소중하다. 형제자매의 유전 연관도는 50퍼센트고 사촌끼리는 12.5퍼센트다. 인간의 이타 행동은 유전 연관도가 높은 부모자식과 형제자매에서 시작해 가까운 친족과 먼 친척으로 퍼져 나간다. 이것이 가족주의 또는 혈연의식이라고 하는 의식과 감정의 생물학적·유전학적 기초다. 친족이타주의가 오로지 유전자 때문에 생긴다는 건 아니다. 생존을 위한 상호 의존, 접촉의 밀도와 빈도, 공동의 경험, 공유하는 기억 등 인문학 이론으로도 친족이타주의가 생기는 이유를 설명할 수 있다. 둘은 서로를 배척하지 않는다. 생물학과 인문학의 이론을 결합하면 친족이타주의가 생긴 이유를 더 확실하게 설명할 수 있다. 혈연에 근거를 둔 비합리적 연고주의와 부정부패를 없애기가 왜 그토록 어려운지도 알 수 있다.

다시 맹자를 생각한다. 해밀턴의 이론은 맹자가 옳았음을 증명했다. 보편적 사랑 같은 건 존재하지 않는다. 사랑은, 우리가 사랑의 표현이라고 하는 이타 행동의 범위는, 가족에서 시작해 이웃으로 넓어진다. 하지만 이것은 과학이 인정하는 사실일 뿐이다. 사실이라고 해서 훌륭한 건 아니다. 우리는 이웃을 내 몸처럼 사랑할 수 없다. 하지만 그렇게 하려고 애쓰는 것은 아름답다. 우리 삶에는 도덕과 미학이 필요하다. 그렇지만 사실은 사실 그대로 알면서 선과 미를 추구하자. 사실을 도덕으로 착각하지도 말고 도덕으로 사실을 덮지도 말자. 이런 관점에서 보면 맹자는 과학적으로 옳은 견해를 폈지만 묵가와 양주학파를 부적절하고 과도하게 비판했다고 할 수 있다.

오해할까 봐 다시 강조한다. 유전자는 친족이타주의를 설계하지 않았다. 유전자는 그 무엇도 설계하지 않는다. 그저 자기를 복제할 뿐이다. 일꾼개미와 여왕개미의 분업은 유전적 우연과 자연선택이라는 필연의 산물이다. 대부분의 동물이 출산과 양육을 위해 헌신하도록 진화한 것은 자식을 잘 돌보도록 하는 유전자를 가진 개체의 번식 성공률이 그렇지 않은 개체보다 높았기 때문이다. 다른 이유는 없다. 자연선택은 어떤 종 어떤 개체한테도 특권을 주지 않으며 진화는 특정한 방향으로 나아가지 않는다. 자식을 돌보는 것과 형제자매를 사랑하는 것이 훌륭해서 우리가 그렇게 하도록 진화한 것이 아니다. 해밀턴은 그 모든 형태의 친족이타주의에 유전 연관도라는 생물학적 기초가 놓여 있다는 사실을 증명했다. 나는 그 이론에서 물질의 증거를 토대로 대상의 보이지 않는 실체에 다가서는 과학의 매력을 보았다.

해밀턴 모델로 인간의 이타 행동을 다 설명할 수 있는 건 아니다. 인간은 유전 연관도가 전혀 없거나 연관도가 있는지 여부를 알 수 없는 타인에게도 이타 행동을 한다. 그것을 '비친족이타주의'라 하자. 어떤 적응의 이익이 있기에 인간 군집에 비친족이타주의가 진화했을까? 남을 위해서 또는 사회를 위해서 위험을 감수하고 귀중한 자원을 내놓는 사람은 그렇지 않은 사람보다 생존할 가능성이 낮고 후손을 남길 가능성도 희박하다. 그런데도 왜 인간 사회에는 그런 행동을 하는 사람이 없어지지 않을까? 자연선택은 왜 그런 형질을 징벌하지 않는가?

두 가지를 생각할 수 있다. 첫째는 성 선택이다. 이타 행동을 하는 개체가 그렇지 않은 개체보다 배우자로 선택받을 가능성이 크다면, 이타 행동은 수컷 공작의 화려한 꼬리깃털처럼 개체의 생존에 불리해도 인간 군집에서 진화할 수 있다. 생물학에서는 '핸디캡이론'이라고 한다. 자신이 어려운 이웃을 위해 기꺼이 돈을 써도 살아가는 데 문제가 없을 만큼 능력이 있는 사람임을 보이면 짝짓기에 유리하다는 것이다. 묘하게 설득력이 있지만 반론할 여지가 없지는 않다. 성 선택의 주도권은 보통 암컷이 행사한다. 사람도 다르지 않다. 무작정 거리에 나가서 짝을 찾으라고 하면 남녀 중에 어느 쪽이 쉽게 해낼까? 답은 누구나 안다. 남자는 노력하고 여자는 선택한다. 그런데 사람은 남녀를 불문하고 비친족이타주의 행동을 한다. 핸디캡이론으로는 이타 행동을 다 설명하기 어렵다.

둘째는 일종의 부작용side effect일 가능성이다. 거듭 말하지만 우리의 뇌는 유전자가 생존을 위해 조합한 기계인데도

우리는 왜 존재하는가

자기 자신을 이해하려고 한다. 자연선택은 보편적인 친족이 타주의를 진화시켰는데 우리의 뇌는 적응의 이익과 무관하게 그것을 확장했다. 자신의 존재를 고귀하고 아름답게 만든다는 믿음 때문에 친족 아닌 타인에 대해서도 이타 행동을 한다는 것이다. 아름다움과 고귀함은 물질의 특성이 아니라 인간이 만들어낸 관념이다. 호모 사피엔스는 물질로는 존재하지 않는 것을 존재한다고 믿으며, 그런 믿음을 표현하려고 때로는 목숨까지 건다. 이타주의도 그런 것 중 하나일 수 있다.

신神이 존재한다는 증거는 없다. 그런데도 사람들은 신이 있다고 믿으면서 간절하게 기도한다. 자신이 신을 대리한다고 주장하는 성직자한테 돈을 바친다. 크고 높고 화려한 집을 지어 신을 경배한다. 신을 배신하지 않으려고 죽음을 받아들인다. 신의 영광을 위해 사람이 붐비는 시장 한복판에서 폭탄을 터뜨리기도 한다. 때로는 똑같은 신의 이름을 부르면서 서로를 죽인다. 어디 종교만 그런가. 인간의 존엄성이라든가 천부인권에 대한 믿음도 마찬가지다. 그런 것은 물질이 아니며 물질에 깃들어 있다는 증거도 없다. 그런데도 사람은 그런 게 있다고 확신하면서 대규모 공동 행동을 조직한다.

호모 사피엔스는 다른 종의 동물을 사냥했을 뿐만 아니라 같은 종의 다른 개체를 개별적·집단적으로 살해하는 데도 망설임이 없었다. 역사 기록이 그 사실을 증명한다. 문명이 생기기 전이라고 달랐겠는가. 우수한 무기를 제작한 인간 집단은 그렇지 못한 집단을 정복하고 약탈했다. 물리적 폭력을 손에 넣은 자가 왕이 되어 계급 제도를 창설했다. 합법적 폭력기구를 만들어 민중을 억압하고 착취했다. 겨우 몇백 년 전에야 사람은 다 존엄하고 평등하다고 주장하는 이들이 나타났고 다수 대중이 그 주장을 받아들였다. 누구는 인권을 위해 목숨을 바쳤고 누구는 무기를 들었다. 수만, 수십만, 수백만이 집회를 열고 행진했다. 왕의 목을 잘랐고 귀족을 죽였다. 압도적 다수가 믿게 되자 비로소 인권이 존재하게 되었다.

이타 행동이 고귀하다는 관념도 우리 뇌의 인지 제어 시스템이 만들었다. 그런데 그 관념이 유전자의 생존기계인 사람을 이타 행동으로 이끈다. 자연선택은 유전자의 생존에 유리한 친족이타주의를 진화시켰지만, 우리의 뇌는 유전 연관도가 전혀 없는 사람에게까지 이타주의 적용 범위를 확장했다. 그것으로도 모자라 굶주린 길고양이에게 먹이를 주고 해변에 좌초한 돌고래를 구조하면서 기쁨에 들뜬다. 진화의 부작용인데, 우리는 그것을 아름답다고 여긴다.

나는 스스로 자유주의 성향이 강하다고 생각한다. 남에게 부당하게 피해를 주지 않는 한 자기가 원하는 삶을 옳다고 믿는 방식대로 사는 게 바람직하다고 한 철학자 밀J. S. Mill(1806~1873)을 좋아한다. 자유주의자로서 다윈주의와 사회생물학을 받아들이는 데 어려움이 없었다. 자연선택의 기본 단위가 집단이나 개체가 아니라 유전자라고 해도 상관없다.

유전자는 유전자, 나는 나다. 유전자는 생각하지 않지만 유전자가 만들어낸 나는 생각한다. 둘은 차원이 다르다. 유전자는 복제할 뿐이고, 나는 인생을 나름의 의미로 채우며 살아간다. 나보다 오래 산다고 해서 유전자가 부럽지는 않다. "자랑하고 싶으면 얼마든지 해!"

인간이 군집을 이루어 사는 사회성 동물이라는 사실이 가끔은 불편하다. 유전자는 생존기계가 배타 행동을 하든 이타 행동을 하든 상관하지 않는다. 개인은 배타 행동도 하고 이타 행동도 하면서 그것이 초래한 결과를 각자 감당한다. 그러나 개인이 모여 집단을 이루면 이야기가 달라진다. 집단은 극히 예외적으로만 이타 행동을 한다. 집단은 클수록 더 이기적으로 행동한다. 인간과 개미는 완전히 다르지만 인간 집단과 개미 집단은 닮은 데가 많다. "집단에는 양심이 없다. 개인들이 인종적·경제적·국가적 집단으로 뭉치면 힘이 허용하는 일은 무엇이든 한다. 집단은 크면 클수록 더 이기적으로 자신을 표현한다."[23]

집단은 행위의 결과를 책임지려 하지 않는다. 나치의 범

---

23   라인홀드 니버 지음, 이한우 옮김, 『도덕적 인간과 비도덕적 사회』, 문예출판사, 2000, 35쪽과 81쪽. 집단의 이기성을 서술한 이 문장을 20세기 신학자 니버가 처음 쓴 줄 알았는데 그게 아니었다. 소로우가 1849년 집필한 에세이에 "집단에는 양심이 없다는 말이 있는데 참으로 옳다"라는 문장이 있다. 당시 미국 지식인들에게는 널리 알려진 말이었던 듯하다. 헨리 데이빗 소로우 지음, 강승영 옮김, 『시민의 불복종』, 은행나무, 2017, 21쪽.

죄를 끝없이 사죄하는 독일은 드문 예외다. 보통은 일본처럼 제국주의 침략과 인권유린 행위를 부인한다. 일본은 위안부 강제동원도 강제징용도 관동대학살도 모두 부정한다. 프랑스 정부와 미국 정부는 베트남에 사죄하지 않았다. 대한민국 정부도 한국군이 저지른 양민학살을 사죄하지 않았다. 이스라엘 정부는 벤구리온이 지휘한 유대 군대가 팔레스타인 전역에서 저지른 '인종 청소'를 사죄한 적이 없으며 앞으로도 하지 않을 것이다.

교통과 통신이 발달하고 국제적 분업이 이루어져 지구는 하나의 마을이 되었다. 그러나 '지구인'으로 생각하고 행동하는 사람은 드물다. 2022년 개체 수가 80억을 넘긴 호모 사피엔스는 여전히 200여 개의 국민국가로 나뉘어 '부족인간'으로 산다. 인종·종교·언어·문화가 다르다는 이유로 '우리'와 '그들'을 가른다. 이념과 체제가 다르다고 진영을 나누어 대립한다. 기후변화와 해양오염을 비롯한 지구 차원의 문제를 제 손으로 만들어 놓고서도 저마다 국민국가의 이익에 집착한 탓에 기술이 있는데도 해결하지 못한다.

유전자는 특정 종의 생존에 관심이 없다. 모든 종의 모든 개체에 서식하고 있으니 어떤 종에 집착할 이유가 없다. 기후위기와 환경오염에서 지구를 구하자고 외치는 사람들이 있다. 나는 그들에게 공감하지만 전적으로 공감하는 건 아니다. 우리가 구해야 할 것은 지구가 아니라 우리 자신이다. 호모 사피엔스가 없을 때도 지구와 생물은 존재했다. 인류가 사라진다고 해도 지구에는 아무 문제 없다. 기후위기와 핵폭탄에서 우리 자신을 구하려면 인류 전체가 협력해야 하는데, 호모 사피엔스가 그 일을 해낼 것이라고 확신할 근거가 없다. 그래도 무언가 하긴 해야 한다. 우리 자신 말고는 누구도 우리를 구할 수 없으니까.

4

단순한 것으로 복잡한 것을
설명할 수 있는가

(화학)

화학은 억울하다

화학化學(chemistry)은 이미지가 나쁘다. 화학 하면 뭐가 떠오르는가? 화학조미료·화학무기·화학약품·화학섬유·화학살충제·화학제초제 같은 것이다. 사람들은 화학을 '천연'의 반대말, '인공'의 나쁜 버전으로 취급한다. 천연조미료·생약·천연섬유처럼 '화학'의 반대편에 있는 것을 좋아한다. '화학'을 자연에는 없는 물질을 만드는 기술로 여기며, '화학'과 친하면 암에 걸릴지 모른다고 생각한다. 한때 악명이 높았던 핵물리학은 냉전 해체 이후 대중의 관심에서 멀어졌지만 화학은 여전히 악당 취급을 받는다.

나도 화학이 싫었다. 중학생 때 들판 농수로에서 미꾸라지와 붕어가 농약 중독으로 죽어가는 광경을 보았다. 고등학교 화학 수업은 재미라곤 없었다. 원소 주기율표와 분자 화학식을 외운 것 말고는 기억에 남은 게 없다. 대학생이 되어서는 베트남 국민과 참전 군인들이 미군이 살포한 고엽제 때문에 심각한 병에 걸렸다는 사실을 알았다. 화학기업이 생산한 살충제와 제초제가 동물을 죽이고 사람을 해

단순한 것으로 복잡한 것을 설명할 수 있는가

친다는 것은 공부하지 않아도 알 수 있었다. 작가 카슨Rachel Carson(1907~1964)은 1962년 출간한『침묵의 봄』에서 대중이 알 아들을 수 있는 방식으로 그 문제를 설명했다. DDT를 비롯한 염화탄화수소 계열 살충제에 대한 카슨의 이야기는 화학의 미학과 위험성을 함께 보여준다.

탄소는 자기네끼리 잘 뭉친다. 다른 원소와 결합하는 능력도 뛰어나다. 탄소가 있어서 박테리아부터 흰수염고래까지 놀라울 만큼 다양한 생물이 생겼다. 탄소는 단백질 분자의 기본이고 지방·탄수화물·효소·비타민에 있으며 무생물도 만든다. 수소와 특히 친해서 다양한 화합물을 만드는데, 구조가 제일 단순하고 아름다운 것이 탄소 원자 하나와 수소 원자 4개가 결합한 메탄(CH_4)이다. 사육 가축의 방귀와 배설물에서 나온 메탄은 온실효과를 일으켜 지구의 온도를 높이며, 탄광 갱도에 쌓인 메탄은 폭발을 일으킨다. 메탄 분자의 수소 3개를 염소(Cl)로 바꾸면 마취용 클로로포름이 되고, 넷 모두를 염소로 바꾸면 드라이클리닝에 쓰는 액체 사염화탄소가 된다. 탄소 원자가 여러 개인 탄화수소를 사슬 모양으로 배열해 다른 원자나 분자를 붙이면 맹독성 물질을 만들 수 있다. 화학자들은 그런 방식으로 DDT·클로르데인·알드린·엔드린 같은 살충제를 합성했다. 그 살충제가 자연에서 화학적 변화를 일으키면 더 위험한 물질로 바뀌어 물과 흙

에 들러붙는다. 먹이사슬을 거쳐 사람의 몸에 쌓이면 심각한 질병을 일으킨다.[1]

『침묵의 봄』은 화학산업에 대한 두려움을 불러일으켰다. 사람들은 병을 옮기고 곡식을 축내는 곤충을 상대로 농업혁명 이후 1만 년 동안 벌여온 전쟁을 화학살충제가 끝내주리라 기대했다. 그런데 카슨은 그런 기대를 망상이라고 했다. 생물학을 전공한 작가 카슨의 주장은 오해할 여지없이 분명했다. 살충제는 특정 해충만이 아니라 모든 곤충을 죽인다. 없애려고 했던 해충은 살충제 내성을 얻어 다시 창궐한다. 인간이 곤충을 상대로 전개한 군비확장 경쟁은 새를 죽였다. 새가 살지 못하는 환경에서는 인간도 살기 어렵다.

미국 화학업계와 언론은 카슨을 '신경과민에 걸린 여류작가'라고 깎아내렸다. 그러나 대중은 카슨의 경고를 받아들였다. 『침묵의 봄』은 평범한 수준의 독해력을 가진 사람이면 누구나 이해할 수 있는 책이다. 시민들이 큰 충격을 받고 항의 행동을 시작하자 미국 정부는 실태조사를 시작했다. 오래 걸리지 않아 카슨이 옳다는 사실을 확인했다. 결국 모든 나라가 DDT를 비롯한 염화탄화수소 계열 살충제 생산을 금

---

1   염화탄화수소 계열 살충제의 화학 구성과 작용은 『**침묵의 봄**』(레이첼 카슨 지음, 김은령 옮김, 에코리브르, 2011) 42~52쪽을 참고해 서술하였다.

지했다. 늘 그런 것은 아니지만 펜이 돈보다 힘이 셀 때가 있다. 하지만 카슨의 싸움이 끝난 건 아니다. 유해성을 확인한 물질의 생산을 금지했을 뿐 새로운 물질을 만드는 행위를 막지는 못했다. 인위적으로 합성한 물질이 생태계와 인간을 해치는 일은 끝없이 이어졌다.

화학자들은 화학의 이미지를 개선하려고 애쓰지 않는다. 인터넷서점에서 과학 책을 검색해 보면 뇌과학·생물학·물리학에 비해 화학 책은 수가 적고 판매실적도 빈약하다. 화학자들이 화학을 사랑하지 않아서가 아니라 너무 바빠서 교양서를 쓸 시간이 없고, 또 굳이 그래야 할 필요를 느끼지 않아서 그런 듯하다. 아는 사람은 안다. 화학이 '돈 되는 과학'이란 걸. 화학의 이미지가 나빠도 사람들은 '화학제품'에 아낌없이 돈을 쓴다. 화학기업들은 화학자에게 넉넉한 연구비를 제공한다. 화학자는 다른 분야 과학자처럼 정부 재정지원에 의존하지 않는다. 대중이 관심 없어도, 화학의 이미지가 나빠도, 화학자가 사는 데는 큰 문제가 없다.

화학은 어떤 학문인가? 물질의 조성과 구조·성질·관계·변화를 연구하는 과학이다.[2] 화학은 천연의 반대말이 아

2 　장홍제 지음, 『화학 연대기』, EBS, 2021, 6~7쪽. 저자는 화학이 예술이라고 주장한다. 낮에는 연구논문을 쓰고 밤에는 화학의 예술성을 알리는 교양서를 쓴다. 문명사의 흐름을 바탕으로 인접 학문인 물리학과 생물학 이론을 아우르면서 선사시대부터 현재까지 화학적 발견과 이론의 발전 과정을 재구성한 이 책은 화학자들의 생애와 화학

니다. 자연 상태에 존재하든 사람이 만들었든, 물질로 존재하는 모든 것은 화학의 연구 대상이다. 화학을 모르면 물질과 생명을 이해할 수 없다. 하지만 이것은 어디까지나 학술적인 정의다. 일상 언어로 말하자면 화학은 욕망·생명력·번식 등과 밀접한 관련이 있는 상품을 만드는 과학이다.[3] 뇌의 기본 업무와 관련이 있는 상품이기 때문에 화학산업은 시장이 크다.

필수 생활용품 몇 가지만 보면 무슨 말인지 바로 알 수 있을 것이다. 립스틱·주름방지화장품·자외선차단제·미백크림·오메가3·비타민C·비아그라·살균제·소독약·항생제·백신·항우울제·일회용기저귀·껌·아스팔트·시멘트·젖병이 다 화학제품이다. 막걸리·맥주·포도주를 포함해 발효 과정을 거쳐 만드는 알코올 함유 음료도 모두 화학의 세계에 속한다. 여기에 농축산물 생산과 유통에 쓰는 비료·농약·포장재와 건축용 시멘트·페인트·내장재를 더해 보라. 현대인의 삶은 화학에서 시작해 화학으로 끝난다고 해도 지나치지 않다.

그런데도 대중은 화학을 악당으로 여긴다. 화학은 억울

의 역사를 하나의 맥락으로 보여준다.

3   존 엠슬리 지음, 고문주 옮김, 『**상품의 화학**』, 이치, 2008, 9쪽. 이 책은 현대인의 일상 깊이 들어와 있는 화학제품의 축복과 위험을 과학자의 시선으로 살핀다. 영국 사람인 저자는 보기 드문 화학교양서 전문작가다. 독극물의 역사를 다룬 『**세상을 바꾼 독약 한 방울**』과 『**멋지고 아름다운 화학 세상**』 등 한국어판 번역서가 여러 권 있다.

하다. 물질을 이리저리 바꾸는 게 신기해서 화학교양서 몇 권을 뒤적인 끝에 내린 결론이다. 알고 보니 화학은 재미없는 과학이 아니었다. 적어도 내게는, 물리학보다는 쉽고 재미있었다. 화학은 생명을 해치는 사악한 마법이 아니다. 좋지 않은 물질을 만들어 잘못 사용한 책임은 화학이 아니라 사람한테 있다.

위대한 전자

내가 오로지 수학 재능이 없어서 문과가 된 건 아니다. 물질의 변화에 대한 호기심도 없었다. 소금을 물에 넣으면 소금은 녹아 보이지 않고 물은 짠맛이 난다. 왜 그런지 궁금하지 않았다. 물에 넣으면 녹는 게 어디 소금뿐인가. 원래 다 그런 것이려니 했다. 성냥을 그으면 불이 붙고, 짚이나 종이에 대면 불길이 번진다. 불꽃을 피우고 열을 내뿜고 재와 그을음이 남는다. 왜 그런지 궁금하지 않았다. 불에 타는 게 어디 짚과 종이뿐인가. 원래 그런 것이라 여겼다. 밤하늘의 별이 무엇인지도 궁금하지 않았다. 예쁘다고만 생각했다.

소금이 물에 녹는다는 건 먼 옛날에도 알던 사실이다. 하지만 그 이유를 정확하게 파악한 건 100여 년밖에 되지 않았다. 원자의 구조와 전자의 운동을 모르면 소금이 물에 녹는 현상을 확실하게 설명할 수 없다. 화학의 정의를 다시 보

자. '물질의 조성과 구조·성질·관계·변화를 연구하는 과학'
이다. 물질은 원자로 이루어져 있다. 원자의 정체를 모르고
는 물질의 구조와 성질을 파악할 수 없다. 양자역학이 나온
뒤에야 화학은 비로소 온전한 과학이 되었다.

화학은 '환원'還元(reduction)의 필요성과 위력을 잘 보여준
다. 환원은 크고 복잡한 것을 작고 단순한 것으로 쪼개는 것
이다. 모든 대상을 이런 방법으로 연구하려는 경향을 '환원
주의'라고 한다. 원자와 같이 작고 단순한 것의 실체를 파악
하는 것은 중요하다. 그것으로 크고 복잡한 대상을 설명할
수 있다면 더 큰 의미가 있다. 이 문제는 뒤에서 '통섭'統攝
(consilience) 논쟁과 함께 다시 살펴보겠다.

고등학교에서 배운 화학은 신기하지 않았다. 그럴만한
내용이 있었는데도 이해하지 못해서 그랬을 것이다. 나는 소
금이 왜 물에 녹는지 뒤늦게 이해했다. 그걸 아는 게 뭐 그리
대단한 일이냐고? 내겐 대단했다. 인문학 책에서는 오랫동
안 만나지 못했던 감정을 느꼈다. 놀라움과 짜릿함. '소금물
이 그런 거였어?!' 이런 감정을 느낀 이유를 말하려면 '빌드
업'을 할 필요가 있다. 물리학을 모르면 화학을 이해하기 어
렵다. 이해하지 못하면 재미를 느낄 수 없다. 그래서 소금물
이야기를 하는 데 꼭 필요한 개념 몇 가지를 살펴본다.

우주의 모든 물질은 '원소'元素(element)로 이루어져 있다.
결합해서 어떤 물질의 분자를 이루는 원소는 보통 두 종류
이상이지만 산소·금·다이아몬드처럼 원소가 하나인 물질도

많다. 더 작게 나누면 고유의 성질을 잃는다는 의미에서 '물질의 기본 성분'인 원소는 원자原子(atom)와 같고 또 다르다. 물리학 책에는 주로 원자가 나오고 화학 책에는 원소와 원자가 뒤섞여 나온다. 한참을 헤맨 끝에 나름대로 이해했다. 원자는 원소의 한 단위다. 생물학 언어로 하면 원소는 호모 사피엔스, 원자는 한 사람이다. 물질의 성질과 변화를 연구하는 화학자에게는 원소가 중요하고, 미시세계의 역학을 탐구하는 물리학자에게는 원자가 중요하다.

산소(O_2)를 보자. 없으면 우리가 몇 분 버티지 못하고 목숨을 잃는 물질인 산소의 원소는 산소 한 가지다. 산소 '분자'分子(molecule)는 산소 원자(O) 2개가 결합한 물질이다. 화학에서는 물질의 분자를 원소의 기호와 원자의 수를 적은 화학식으로 표현한다. 예컨대 화학식 H_2O는 물의 원소는 수소와 산소 두 가지이고, 물 분자는 산소 원자 하나와 수소 원자 2개로 이루어진다는 정보를 담고 있다.

모든 원소는 영어 알파벳에서 가져온 '원소기호'와 원자핵의 양성자 수를 나타내는 '원자번호'가 있다. 원자번호 1번은 양성자가 하나인 수소(H), 2번은 양성자가 두 개인 헬륨(He), 원자번호 92번은 자연에 존재하는 원소 중에서 가장 무거운 우라늄(U), 원자번호 93번부터 118번까지는 인위적 핵반응에서 나온 원소다. 모든 원소를 원자번호와 화학적 성질에 따라 배열한 것이 '주기율표'週期律表(periodic table of the elements)다. 학창시절 동요나 애국가 멜로디에 실어 흥얼거리며 외웠던 바로 그 주기율표.

물질세계는 원자로 이루어져 있고 원자들이 결합해 물질의 분자를 만든다는 것을 우리는 안다. 그런데 원자들은 왜 결합할까? 결합한 원자들은 왜 흩어지지 않으며, 흩어질 때는 왜 흩어질까? 어떤 힘이 원자들을 뭉치게 할까? 궁금해한 적은 없었지만, 알고 나니 신기했다. 화학이 이렇게 신기한 과학인지 몰랐다. 둘 이상의 원자가 서로 전자를 공유해 화합물을 만드는 것을 '공유결합'이라 하고, 전자를 방출하거나 영입해 양이온이나 음이온이 된 원자들이 서로 끌어당겨 화합물을 만드는 것을 '이온결합'이라고 한다. 금속 원소의 원자들이 고체 결정을 형성하는 '금속결합'은 환원주의라는 이번 장의 주제와 거리가 있어서 특별히 말하지 않겠다.

공유결합이 만든 '분자화합물'은 부드러워서 액체나 기체가 많은 반면, 이온결합이 만든 '이온화합물'은 고체인 경우가 많다. 예컨대 분자화합물인 물은 액체, 이온화합물인 소금은 고체다. 그렇지만 원자를 결합하게 만드는 것은 두 경우 모두 전자電子(electron)다.

물은 산소 원자 하나와 수소 원자 2개가 전자 두 쌍을 공유한 분자화합물이다. 산소 원자를 꼭짓점 삼아 수소 원자 2개가 V자로 가지처럼 붙어 있다. 잠시 인문학 언어를 쓰자. 산소 원자는 수소 원자보다 욕심이 많고 힘도 세다. 그래서 수소와 공유하는 전자를 자기 쪽으로 살짝 당겨 놓는다. 그

불균형 때문에 물은 중성이지만 산소 원자는 음전하를 띠고 수소 원자 2개는 양전하를 띤다.

소금은 나트륨(Na)과 염소(Cl)의 이온화합물이다. 나트륨 원자는 전자를 11개 보유한다. 전자는 원자핵에서 가장 가까운 전자껍질에 2개, 그다음 전자껍질에 8개, 최외곽 전자껍질에 하나가 있다. 전자껍질에 대해서는 잠시 후에 자세히 이야기하겠다. 나트륨 원자가 최외곽 전자껍질에 혼자 있는 전자를 방출하면 전자가 양성자보다 하나 적어져 양전하를 띤 나트륨 이온이 된다. 염소 원자는 선자가 17개다. 전자는 첫 번째 전자껍질에 2개, 그다음 전자껍질에 8개, 최외곽 전자껍질에 7개가 있다. 염소 원자가 혼자 돌아다니는 전자 하나를 영입해 최외곽 전자껍질을 전자 8개로 채우면 전자가 양성자보다 하나 많아져 음전하를 띤 염소 이온이 된다. 두 이온이 서로를 끌어당겨 뭉친 것이 염화나트륨(NaCl)이다. 염화나트륨 분자의 염소 이온과 나트륨 이온은 다른 염화나트륨 분자의 이온들과 들러붙어 정육면체 결정을 만든다. 그것을 소금이라고 한다.

엄격한 물리학자라면 이쯤에서 물질이 분자로 이루어진다는 것은 과학적으로 정확한 표현이 아니라고 지적할 것이다. 물은 원자 3개가 분자 하나를 이루니 아무 문제가 없다. 하지만 소금은 다르다. 소금 결정은 염소 이온과 나트륨 이온의 육면체 배열 패턴이 모든 방향으로 이어진다. 그래서 분자에 해당하는 최소단위를 엄격하게 정의할 수 없다.[4] 나는 과학적으로 정확한 서술이 아님을 알면서도 '물질은 분자로 이루어져 있다'는 문장을 쓴다. 이온화합물인 소금도 '소금 분자'라고 한다. 분자화합물과 이온화합물을 매번 구분해서 말해야 하는 번거로움을 피하기 위해서다. 독자들의 양해를 바란다.

'빌드업'을 이 정도로 마치고 소금물 이야기로 넘어가자. 소금이 물에 들어오면 음전하를 띤 물 분자의 산소 원자가 양전하를 띤 소금 분자의 나트륨 이온을 움켜쥔다. 양전하를 띤 물 분자의 수소 원자는 음전하를 가진 소금 분자의 염소 이온을 낚아챈다. 물을 이루는 두 원자가 그렇게 갈퀴질을 해서 소금 분자를 찢어발긴 것이 소금물이다. 소금도 당하고만 있지는 않는다. 본의 아니게 갈라선 나트륨 이온과 염소 이온은 물속을 떠다니다가 기회가 생기면 바로 재결합한다. 소금물 안에서 어떤 원자들은 소금 결정을 이탈하고 다른 원자들은 소금 결정으로 되돌아오는 것이다. 어느 쪽이 많은지는 물과 소금의 상대적인 양이 결정한다. 물이 압도적으로 많으면 이탈하는 원자가 많고 물이 적으면 복귀하는 원자가 많다. 바닷가 사람들은, 이유는 몰랐지만, 바닷물이 증발하면 소금이 생긴다는 사실은 옛날부터 알았다. 그래서 얕은 갯벌에 바닷물을 가두어 물을 증발하게 두었다가 바닥

---

4   리처드 파인만 지음, 박병철 옮김, 『파인만의 여섯 가지 물리 이야기』, 승산, 2003, 58쪽.

에 쌓인 소금 결정을 거두어들였다. '천일염'天日鹽이다.

소금의 용해 현상 자체도 신기했지만 물의 산소 원자와 수소 원자가 만든 전하의 미약한 불균형 덕분에 생명이 탄생했다는 이야기는 더 신기했다. 생물의 세포는 화학공장이나 마찬가지다. 여러 물질이 작용해 영양분을 흡수하고 폐기물을 배출하며 신진대사에 필요한 효소를 만든다. 모든 공정에서 물이 필수다. 물이 없으면 세포라는 화학공장을 가동할 수 없다. 물이 없으면 생명도 없다. 인간 세포 질량의 70퍼센트가 물인 데는 다 그만한 이유가 있다.[5] 산소가 욕심이 많아서 다행이다. 산소가 전자를 자기 쪽으로 끌어 놓지 않는다면 물은 아무것도 녹이지 못할 것이다.

전자가 그렇게 대단한 일을 하는지 몰랐다. 원자들이 흩어지지 않고 물질을 이루는 것, 우리 몸이 생존에 필요한 화학 공정을 가동할 수 있는 것이 다 전자 덕분이다. 전자가 하는 일은 그뿐만이 아니다. 전등부터 휴대전화까지 전기산업과 전자산업의 모든 제품을 가동하는 것도 전자다. 인문학의 사고방식과 언어습관에서는 '핵심'이 중요하다. 이야기가 겉돌면 이렇게 야단친다. '그게 핵심이 아니잖아!' 언제나 변방이 아니라 중심에 초점을 맞춘다. '어서 핵심으로 들어

5   물 분자의 전하 불균형이 생명 탄생을 가능하게 만든 원리는 『엔드 오브 타임』(브라이언 그린 지음, 박병철 옮김, 와이즈베리, 2021) 132~133쪽과 『원소의 왕국』(피터 앳킨스 지음, 김동광 옮김, 사이언스북스, 2005) 241~252쪽을 참고해 서술하였다.

가!' 물질도 그런 것 같다. 물질은 원자로 이루어져 있고 원자 질량은 거의 전부 원자핵이 차지한다. 전자는 하는 일 없이 핵 주변을 서성이는 하찮은 존재 같다. 그런데 알고 보니 그게 아니었다. 일은 전자가 다 한다. 원자핵은 가만히 있을 뿐이다.[6]

지구에서는 그래야 한다. 원자핵은 아무 일도 하지 않는 게 바람직하다. 핵발전소에서 전기를 생산하는 게 거의 유일하게 좋은 일인데, 그것마저 사고가 나면 걷잡을 수 없는 피해를 남긴다. 사용 후 핵연료는 최소 수만 년 동안 강력한 방사능을 내뿜는다. 핵이 단시간에 대량 분열하거나 융합하면 대폭발이 일어난다. 눈 깜짝할 사이에 도시 하나를 없애고 수십만 명의 목숨을 빼앗는다. 스리마일·체르노빌·후쿠시마 핵발전소의 사고와 히로시마·나가사키의 핵폭탄 폭발에서 우리는 그런 위험을 목격했다. 우주에서는 모든 일을 원자핵이 하고 전자는 존재감이 전혀 없다는 걸 알지만, 나는 전자가 위대하다고 생각한다. 지구인이니까.

---

[6] 《알릴레오 북스》에서 내가 '일은 전자가 다 한다'고 했더니 물리학자 김상욱 교수는 단호한 어조로 지적했다. '무리한 일반화의 오류'라고. 옳은 지적이다. 우주에서는 원자핵이 모든 일을 한다. 전자는 거들지도 않는다. 원자핵이 일하지 않았으면 우리는 존재하지 않을 것이다. 이렇게 말하는 이유는 5장에서 이야기하겠다.

단순한 것으로 복잡한 것을 설명할 수 있는가

원자는 성격이 제각각이다. 혼자서 조용히 지내는 원자가 있는가 하면, 아무 원자하고나 들러붙으려 하는 원자도 있다. 멀어져가는 다른 원자를 붙잡지 않고 다가오는 다른 원자를 밀어내지 않는 원자도 있다. 어떤 원자는 같은 원자들과 친하고 어떤 원자는 다른 원자를 좋아한다. 호시탐탐 남의 전자를 넘보는 원자가 있는가 하면, 자신의 전자를 슬쩍 내버리거나 길 잃은 전자를 조용히 영입하는 원자도 있다. 왜 그러는 걸까?

화학자들은 물질의 성질과 변화를 연구하는 과정에서 원소의 성격을 파악해 행동방식이 비슷한 원소를 그룹으로 묶었다. 그게 주기율표다. 오랜 세월 많은 노력을 기울인 끝에 작성한 주기율표는 양자역학의 도움을 받아 완전한 모습을 갖추었다. 주기율표를 외울 필요는 없다. 구조와 사용법을 알기만 하면 된다. 중요한 원소기호와 원자번호는 공부를 하다 보면 저절로 머리에 박힌다. 다음 페이지는 표준 주기율표를 단순하게 바꾼 것이다.

표준 주기율표는 원소기호와 원자번호 말고도 여러 정보를 담고 있다. 원소들이 상온에서 기체인지 액체인지 고체인지 글씨 형태로 구분하고, 성질이 비슷한 원소를 그룹으로 묶어 같은 색으로 표시하며, 표준 원자량과 전자 궤도의 형태도 알려준다.[7] 하지만 원자의 결합을 이해하는 데 필요한

주기율표

1																		18
1 **H** 수소	2												13	14	15	16	17	2 **He** 헬륨
3 **Li** 리튬	4 **Be** 베릴륨												5 **B** 붕소	6 **C** 탄소	7 **N** 질소	8 **O** 산소	9 **F** 플루오린	10 **Ne** 네온
11 **Na** 나트륨(소듐)	12 **Mg** 마그네슘	3	4	5	6	7	8	9	10	11	12		13 **Al** 알루미늄	14 **Si** 규소	15 **P** 인	16 **S** 황	17 **Cl** 염소	18 **Ar** 아르곤
19 **K** 칼륨(포타슘)	20 **Ca** 칼슘	21 **Sc** 스칸듐	22 **Ti** 타이타늄	23 **V** 바나듐	24 **Cr** 크로뮴	25 **Mn** 망가니즈	26 **Fe** 철	27 **Co** 코발트	28 **Ni** 니켈	29 **Cu** 구리	30 **Zn** 아연		31 **Ga** 갈륨	32 **Ge** 저마늄	33 **As** 비소	34 **Se** 셀레늄	35 **Br** 브로민	36 **Kr** 크립톤
37 **Rb** 루비듐	38 **Sr** 스트론튬	39 **Y** 이트륨	40 **Zr** 지르코늄	41 **Nb** 나이오븀	42 **Mo** 몰리브데넘	43 **Tc** 테크네튬	44 **Ru** 루테늄	45 **Rh** 로듐	46 **Pd** 팔라듐	47 **Ag** 은	48 **Cd** 카드뮴		49 **In** 인듐	50 **Sn** 주석	51 **Sb** 안티모니	52 **Te** 텔루륨	53 **I** 아이오딘	54 **Xe** 제논
55 **Cs** 세슘	56 **Ba** 바륨	57-71 란타넘족 ●	72 **Hf** 하프늄	73 **Ta** 탄탈럼	74 **W** 텅스텐	75 **Re** 레늄	76 **Os** 오스뮴	77 **Ir** 이리듐	78 **Pt** 백금	79 **Au** 금	80 **Hg** 수은		81 **Tl** 탈륨	82 **Pb** 납	83 **Bi** 비스무트	84 **Po** 폴로늄	85 **At** 아스타틴	86 **Rn** 라돈
87 **Fr** 프랑슘	88 **Ra** 라듐	89-103 악티늄족 ◆	104 **Rf** 러더포듐	105 **Db** 더브늄	106 **Sg** 시보귬	107 **Bh** 보륨	108 **Hs** 하슘	109 **Mt** 마이트너륨	110 **Ds** 다름슈타튬	111 **Rg** 뢴트게늄	112 **Cn** 코페르니슘		113 **Nh** 니호늄	114 **Fl** 플레로븀	115 **Mc** 모스코븀	116 **Lv** 리버모륨	117 **Ts** 테네신	118 **Og** 오가네손

●	57 **La** 란타넘	58 **Ce** 세륨	59 **Pr** 프라세오디뮴	60 **Nd** 네오디뮴	61 **Pm** 프로메튬	62 **Sm** 사마륨	63 **Eu** 유로퓸	64 **Gd** 가돌리늄	65 **Tb** 터븀	66 **Dy** 디스프로슘	67 **Ho** 홀뮴	68 **Er** 어븀	69 **Tm** 툴륨	70 **Yb** 이터븀	71 **Lu** 루테튬
◆	89 **Ac** 악티늄	90 **Th** 토륨	91 **Pa** 프로탁티늄	92 **U** 우라늄	93 **Np** 넵투늄	94 **Pu** 플루토늄	95 **Am** 아메리슘	96 **Cm** 퀴륨	97 **Bk** 버클륨	98 **Cf** 캘리포늄	99 **Es** 아인슈타이늄	100 **Fm** 페르뮴	101 **Md** 멘델레븀	102 **No** 노벨륨	103 **Lr** 로렌슘

1 ─── 원자번호
H ─── 원소기호
수소 ─── 원소이름

정보는 전자의 수뿐이다. 그래서 원소기호와 원자번호만 남기고 다른 정보는 지웠다. 원자번호는 그 원자의 핵에 있는 양성자 수를 나타낸다.

나는 인문학의 연구 주제와 관련이 있는 몇몇 원소에 마음이 끌렸다. 1번 수소와 2번 헬륨은 지구를 오늘의 모습으로 만들었다. 우리 집을 만든 원소다. 6번 탄소와 8번 산소가 없다면 생물은 존재하지 않을 것이다. 나를 만들었고 살게 하는 원소다. 29번 구리와 26번 철, 7번 질소와 92번 우라늄은 생산기술을 혁신하고 전쟁도구가 됨으로써 문명과 역사의 흐름을 바꾸었다. 원자번호 21번 스칸듐, 39번 이트륨, 원자번호 57번 란타넘부터 71번 루테튬까지는 '희토류 금속'rare earth metal이라고 한다. 비금속 원소와 결합해 튼튼한 화합물을 만드는 특성 때문에 휴대전화·LED디스플레이·콘덴서·

---

7   주기율표를 이해하면 화학의 기본을 안다고 할 수 있다. 원소의 구조와 성질, 원소를 발견한 사람과 경위, 원소 이름의 유래, 주기율표의 역사 등을 상세히 알고 싶은 독자에게는 『원소의 왕국』(피터 앳킨스 지음, 김동광 옮김, 사이언스북스, 2005)을 추천한다. 차례를 보면 지리학 책 같지만 내용은 처음부터 끝까지 양자역학과 화학이다. 주기율표를 키워드로 책을 검색하면 『주기율표』(프리모 레비 지음, 이현경 옮김, 돌베개, 2007)가 제일 먼저 뜰 것이다. 차례만 보면 화학 책으로 오해할 수 있지만 사실은 철학 에세이다. 아우슈비츠에서 살아남은 이탈리아 화학자 프리모 레비가 원소 이름을 소제목으로 삼아 어린 시절, 사랑했던 사람들, 자신의 꿈, 인생의 경험을 반추한 책이다. 문과 독자에겐 『원소의 왕국』을, 이과 독자에겐 『주기율표』를 추천한다.

광섬유 등 첨단 산업의 필수 원료가 되었다. 컴퓨터와 인공지능을 중심으로 한 4차 산업혁명을 추동하는 원소다.

주기율표의 가로 줄을 주기週期(period)라고 한다. 1주기 원소는 둘뿐이고 2주기와 3주기는 각각 8개, 4주기와 5주기는 각각 18개씩이다. 6주기와 7주기는 32개나 되기 때문에 각각 15개씩 아래쪽에 따로 배치했다. 주기율표의 세로 열은 족族(group)이라고 한다. 같은 족에 속한 원소는 성질이 비슷하다. 좌측 첫 열의 수소·리튬·나트륨(소듐)·칼륨(포타슘)은 매우 사교적이다. 호시탐탐 다른 원소와 결합할 기회를 노리고 기회가 생기면 즉각 달라붙는다. 좌측 둘째 열의 마그네슘과 칼슘도 정도는 덜하지만 그런 편이다. 우측 둘째 열의 염소와 요오드는 매우 사교적이고, 우측 셋째 열의 산소와 황도 그런 편이다. 그러나 맨 우측 열의 헬륨·네온·아르곤·크립톤은 혼자서 논다. 주변에 다른 원소가 있어도 아무 관심이 없다. 중간 열에 있는 탄소·질소·규소·인 등은 다른 원소와 뭉치려고 안달하지 않지만 뭉칠 기회가 오면 거부하지 않는다. 한 주기를 돌 때마다 성격이 비슷한 원소가 나타난다. 화학자들이 관찰과 실험에서 얻은 정보를 토대로 주기율표를 만들었고 물리학자들은 왜 그런 주기가 나타나는지 알아냈다.

앞서 말한 것처럼 지구에서는 전자가 모든 일을 한다. 그런데 전자는 정체를 파악하기 어렵다. 고전역학으로는 전자의 운동을 서술할 수 없다. 전자는 양자역학의 세계에 속

단순한 것으로 복잡한 것을 설명할 수 있는가

한다. 과학자들은 전자의 정체와 운동법칙을 알아냈지만, 나는 물리학자들이 최선을 다해 설명한 책을 읽어도 전자를 이해하지 못했다. 어느 생물학자가 한 이야기가 그나마 알아들을 만했다.[8] 확실히 생물학자는 문과의 언어를 다른 과학자들보다 잘 아는 것 같다. 그래서 전자에 대해서는 그 설명을 중심에 두고 내가 이해한 만큼 말하겠다.

원자는 중성이다. 양전하를 띤 양성자와 음전하를 띤 전자의 수가 같다. 원자핵에는 중성자를 비롯해 다른 입자도 있지만 전하를 띤 것은 양성자뿐이다. 가장 단순한 원소는 수소다. 수소 원자는 양성자와 전자가 하나씩 있다. 이론으로만 보면 주기율표의 모든 원소를 만들 수 있다. 원자핵에 양성자를 하나씩 추가하고 주위에 전자를 하나씩 덧붙여나가면 된다. 하지만 실제로는 불가능에 가깝다. 지구에서는 비상한 방법을 쓰지 않고는 할 수 없다. 우선 원자핵에 양성자를 욱여넣기가 힘들다. 전자를 배치하는 건 더 어렵다. 전자는 자신과 똑같은 전자와 나란히 앉기를 싫어하기 때문이다. 전자가 다른 전자와 나란히 앉으려면 서로 다른 게 적어도 한 가지는 있어야 한다. 그 다른 하나가 바로 스핀, 자전하는 방향이다. 전자는 스핀이 다른 전자와는 짝지어 앉기도한다. 그러나 둘까지만이다. 전자 셋을 한 자리에 앉힐 수는

---

8   전자의 운동은 주로 『생명의 물리학』(찰스 S. 코켈 지음, 노승영 옮김, 열린책들, 2021) 303~306쪽을 참고해 서술하였다.

없다.

전자는 여러 면에서 이상하다. 우선 전자는 입자이고 파동이다. 2장에서 빛이 입자이고 파동이라는 말을 오해하지 말라고 했다. 여기서도 그렇다. 우리의 감각과 직관으로는 파동을 그리면서 이동하는 입자를 생각하지만, 전자는 파동하면서 이동하는 입자가 아니라 그 자체가 입자이고 파동이다. 그게 뭐냐고 되묻지 마시라. 인간의 언어로는 달리 표현할 방법이 없다. 그러니 그대로 받아들이자. '전자는 입자이고 파동이다.'

우리는 고전역학으로 모든 물체의 움직임을 설명하고 예측할 수 있는 스케일의 세상에 산다. 우리가 감각으로 인지하는 세계는 크기와 속도 모두 어중간하다. 우리는 그런 세계에서 살면서 얻은 정보와 감정과 생각을 언어로 표현한다. 상대성원리를 적용해야 하는 광대한 우주 공간과 양자역학으로 서술하는 미시세계는 언어로 감당할 수 있는 영역이 아니다. 수학으로 서술할 수 있을 뿐이다. 그렇지만 나는 우주의 언어를 모른다. 독자들도 그럴 것이다. 그러니 한계가 있다는 것을 염두에 두고 인간의 언어로 이야기를 이어나가자.

전자는 지구가 태양 주위를 공전하는 것처럼 원자핵 주위를 돌지 않는다. 과학자들은 전자가 움직이는 영역을 가리켜 오비탈orbital, 전자구름, 궤도, 전자껍질 등 여러 말을 쓴다. 나는 전자껍질과 오비탈 두 용어를 함께 쓰기로 했다. 뭔가 눈에 보이는 듯한 느낌이 들어서다. 전자껍질은 여러 층

단순한 것으로 복잡한 것을 설명할 수 있는가

이 있다. 원소 주기율표의 한 주기를 전자껍질 한 층으로 보면 된다. 1층은 오비탈이 하나뿐이다. 오비탈 하나에는 전자가 하나 들어가거나 스핀이 다른 전자 2개가 들어간다. 2층부터는 전자껍질에 오비탈이 여럿 있어서 더 많은 전자가 들어갈 수 있다. 원소의 성질과 관련해서는 원자의 전자껍질이 몇 층이고 전자가 모두 몇 개인지는 중요하지 않다. 원자핵에서 제일 멀리 있는 전자껍질, 줄여서 '최외곽 전자껍질'에 전자가 몇 개 들었는지에 따라 원소의 성질이 달라진다. 1층은 전자 2개가 들어가면 만석이고, 2층과 3층은 각각 전자가 8개 들어가면 꽉 찬다. 4층과 5층은 전자 18개, 6층과 7층은 전자 32개가 들어가야 모든 오비탈이 찬다.

원자한테는 최외곽 전자껍질을 전자로 채우는 게 중요하다. 최외곽 전자껍질에 빈자리가 있는 원자는 다른 원자의 전자를 탐낸다. 주기율표 우측 2열 3열의 산소·황·염소가 그렇다. 반면 최외곽 전자껍질에 전자가 한두 개밖에 없는 원자는 누구한테든 전자를 떠넘기거나 버리려고 안달한다. 주기율표 좌측 1열 2열의 수소·나트륨·칼륨·칼슘이 그렇다. 소금이 녹고 종이가 불타는 게 다 그 때문이다. 반면 최외곽 껍질이 만석인 원자는 남의 전자에 관심이 없다. 헬륨·네온·아르곤 같은 원소는 아무 일을 하지 않으며 있다는 티를 내지도 않는다.

물 이야기로 돌아가자. 물은 소중하다. 소중한 대상은 깊이 있게 알아야 한다. 산소 원자는 전자가 8개다. 1층 껍질은 전자 2개가 들어찼고 2층 껍질에는 전자 6개가 있다. 2층 껍질을 채우려면 전자 2개가 더 있어야 한다. 그래서 산소는 애타게 전자를 찾아다닌다. 산소 원자가 다른 산소 원자와 전자 두 쌍을 공유해 2층 전자껍질을 채우면 우리에게 꼭 필요한 산소 분자(O_2)가 된다. 전자가 하나뿐이어서 1층에 빈자리가 하나 있는 수소도 전자에 목마르다. 두 수소 원자가 각각 하나뿐인 전자를 공유하면 수소 분자(H_2)가 된다. 산소 원자와 수소 원자에게 중요한 건 전자다. 전자에 대한 갈증을 채울 수 있다면 파트너가 누구든 상관없다. 여러 원자를 동시에 파트너로 삼아도 된다. 전자 2개를 원하는 산소 원자는 각각 전자 하나를 원하는 수소 원자 2개와 손잡을 수 있다. 산소는 질소에 이어 공기 중에 두 번째로 많고, 수소는 지구의 모든 원소 가운데 아홉 번째로 많으니 만나기도 쉽다. 그래서 지구에는 물이 많다.

소금 이야기도 한 번 더 하자. 소금도 사람한테 아주 중요하다. 몸에 소금이 너무 많거나 적으면 병에 걸린다. 그래서 우리 뇌는 소금이 전혀 들지 않은 음식은 맛이 없는 것처럼 느끼게 하고 소금이 너무 많은 음식은 진저리를 치게 함으로써 적당량을 섭취하도록 유도한다. 원자번호 11번 나트륨은 3층 최외곽 껍질에 전자가 하나뿐이다. 원자번호 17번 염소는 3층 껍질에 딱 한 자리가 비어 있다. 나트륨은 공유 결합을 형성할 파트너를 찾기보다는 3층에 혼자 있는 전자를 내버리는 경향이 있다. 염소는 어디선가 버림받고 혼자 돌아다니는 전자를 보면 얼른 3층 껍질에 맞아들인다. 이런 방식으로 3층 전자껍질을 비운 나트륨은 양전하를 띠고 3층 전자껍질을 채운 염소는 음전하를 띤다. 그래서 그 힘에 끌려 나트륨과 염소 원자가 1대1로 들러붙는다. 그것이 물에 들어가서 겪는 일은 앞에서 살펴보았다.

원자는 도대체 왜 최외곽 전자껍질의 빈자리를 없애려고 발버둥치는 것일까? 나는 모른다. 그렇다는 사실만 안다. 원자는 최외곽 전자껍질을 채우려는 욕망 때문에 다양한 분자와 이온화합물을 만든다. 그 분자와 화합물들이 결합해 자기를 복제하는 유기분자를 형성했다. 단순했던 최초의 생명체는 자연선택이라는 필연과 유전이라는 우연을 통해 다양한 종으로 진화했다. 그 진화의 어느 단계에서 우리 종이 탄생했고, 80억 호모 사피엔스의 한 개체인 내가 있다. 이보다 더 신기하고 극적이고 장엄한 창조 신화나 탄생 설화를 나는 들은 적이 없다. 화학이 말했다. '너는 내가 만든 기적이야.'

탄소, 유능한 중도

좋은 일 한 사람한테 욕을 한다면? 옳지 않다. 그런데도 당사자가 나서서 항변할 수 없는 처지라면? 누가 대신 말해야 한다. 그 사람은 억울하다고. 사람이 아니라 물질이라면? 그래도 억울한 건 억울한 거다. 사람의 측은지심은 한계가 없다. 동물과 식물, 심지어는 무생물한테도 연민의 정을 느낄 수 있다. 시비지심도 그렇다. 무생물이라도 합당한 이유 없이 비난받는 것을 보면 그냥 지나치지 못하는 게 사람의 본성이다. 탄소 이야기를 들으면 내 안의 시비지심이 고개를 든다.

다들 탄소를 비난한다. 미디어가 탄소에 대해 나쁜 이야기만 해서 그렇다. 탄소 때문에 인류가 망할 것이라는 탄식까지 들린다. 최악의 기후위기 시나리오는 이렇게 요약할 수 있다. '지구 온도가 지금 속도로 계속 오르면 빙하가 녹아 해수면이 상승한다. 태풍·폭우·가뭄·혹한 등 과거와 비교할 수 없을 정도로 강력한 기상이변이 더 자주 찾아든다. 생태계의 균형이 무너져 심각한 식량위기가 덮친다. 지구는 프라이팬처럼 뜨거워져 북극과 남극 일부 지역 말고는 사람이 살 수 없게 될 것이다.'[9]

기후위기의 주요 원인은 온실가스다. 온실효과를 내는 기체는 여러 종류가 있지만 이산화탄소와 메탄의 비중이 가

---

9   이런 시나리오를 뒷받침하는 이론을 알고 싶은 독자에게는 『가이아의 복수』(제임스 러브록 지음, 이한음 옮김, 세종서적, 2008)를 추천한다. 러브록은 지구를 하나의 유기체로 보는 '가이아 이론'을 창안한 환경과학자로 널리 알려져 있다. 지구 온도 상승을 막는 것이 무엇보다 긴급한 과제라는 이유를 들어 신재생에너지 생산기술이 발전할 때까지 과도적으로 핵발전소를 용인하자는 주장을 펼쳐 큰 관심을 받았다. 이 책은 그가 핵발전에 대한 입장을 바꾼 이유를 보여준다.

장 크다. 분자화합물인 두 기체의 중심 원소가 바로 탄소다. 환경운동가들이 탄소 배출 행위는 흉악한 범죄자를 시장 바닥에 풀어놓는 것이나 다름없다고 비난하면서 강력한 국제적 탄소 배출 규제를 실시해야 한다고 주장하는 데는 합당한 근거가 있다. 왜 지구 차원의 규제가 필요한가? 온실가스는 지구 표면 어디에서 누가 배출하든 똑같은 효과를 내기 때문이다.

그게 문제다. 그렇기 때문에 국민국가의 정부들은 탄소 배출 규제를 꺼린다. 경제 발전과 소득 향상을 위해서는 산업을 진흥해야 하는데 온실가스 배출을 규제하면 산업 활동이 움츠러든다. 지구를 구하자면서 앞장서 탄소 배출을 줄였는데 다른 나라들은 계속 배출하면 기후위기를 막지도 못하면서 자기네만 손해를 본다. '모든 나라가 똑같이 탄소 배출을 줄이는 경우에만 우리도 줄이겠다.' 모든 정부가 이렇게 말하는 건 그래서다. '부족인간' 호모 사피엔스는 모든 영역에서 '우리'와 '그들'을 나눈다. '우리'끼리는 믿고 협력하지만 '그들'은 신뢰하지 않는다. 온실가스 문제라고 다르겠는가.

유엔 산하 세계기상기구WMO의 「온실가스 연보」에 따르면 지구 대기의 온실가스 농도는 해마다 신기록을 작성하고 있다. 2021년 지구 대기의 평균 메탄 농도는 1,908ppb, 이산화탄소 농도는 415.7ppm, 또 다른 온실가스 아산화질소(N_2O)는 334.5ppb로, 셋 모두 기상관측 역사에서 가장 높았다.[10] 메탄과 아산화질소는 이산화탄소보다 농도가 낮지만 온실효과는 각각 80배와 250배 강하다. 탄소의 억울함을 덜어주려고 이야기를 꺼냈으니 아산화질소는 논외로 하자.

그 많은 탄소는 다 어디에서 왔는가? 어디서 온 게 아니다. 원래 지구에 있었다. 다른 곳에 다른 형태로 있던 탄소가 풀려나 산소·수소와 결합한 탓에 기후위기가 생겼다. 오로지 인간 탓인 건 아니다. 화산 폭발과 자연발화 산불도 중요한 원인이다. 하지만 호모 사피엔스가 문제를 더 심각하게 만들었다는 것은 분명하다. 인간은 극히 최근에야 직접 에너지를 생산하기 시작했다. 수력·풍력·태양열·지열·핵을 이용한 발전이다. 오랫동안 나무를 에너지원으로 썼고, 산업혁명 때부터는 석탄을 파냈으며, 다음은 석유를 뽑아 썼다. 인간이 집을 데우고 자동차를 굴리고 비행기를 띄울 때마다 거기 들어 있던 탄소가 풀려났다. 소와 양과 돼지를 비롯한 사육 가축의 방귀와 하품과 배설물에서 나온 탄소도 만만치 않았다. 숲을 훼손해 도시와 경작지를 만든 탓에 나무가 광합성으로 흡수 고정하는 탄소량이 줄었다. 탄소는 잘못이 없다. 지구에서 탄소가 차지하는 비중은 예전 그대로다. 호모

10　　ppb는 10억분의 1, ppm은 100만분의 1을 나타내는 단위다. 대기에 매우 적게 들어 있는 기체의 농도를 표시할 때 쓴다. 1ppb는 0.0000001퍼센트, 1ppm은 0.0001퍼센트와 같다. 매우 낮은 메탄과 아산화질소 농도는 ppb를, 상대적으로 높은 이산화탄소 농도는 ppm을 쓴다.

사피엔스가 탄소를 악당 취급하는 것은 살인범이 칼을 비난하는 것이나 다름없다.

숯과 석탄과 석유에는 왜 탄소가 들었는가. 식물과 동물의 사체로 만들어졌기 때문이다. 그렇다면 생물의 몸에는 다 탄소가 있는가? 그렇다. 탄소가 없었으면 생물도 없었다. 탄소는 생물의 몸을 만드는 데 가장 중요한 역할을 한다. 화학은 무기화학無機化學(inorganic chemistry)과 유기화학有機化學(organic chemistry)으로 나눈다. 유기화학은 유기화합물을, 무기화학은 무기화합물을 연구한다. 둘을 가르는 기준은 탄소의 존재 여부다. 살아 있는 유기체에서 얻는 화합물에는 탄소가 있다.

탄소는 왜 생명의 중심이 되었을까? 과학자들이 찾은 답을 정치학 언어로 번역하면, 탄소는 '유능한 중도'여서 성공했다. 중도는 좌우 어느 쪽에 치우치지 않는다. 가끔 치우치는 경우에도 슬쩍 편을 드는 정도에 그칠 뿐 극단으로 가지는 않는다. 열정이 있어도 몰입하지 않으며, 원칙을 지녔지만 독선에 빠지지 않는다. 싸움을 먼저 걸지는 않아도 누가 싸움을 걸면 피하지 않는다. 무능한 중도는 극단에 휘둘리지만 유능한 중도는 좌우를 통합한다. 탄소는 유능한 중도의 대표 사례다. 사람으로 치면 성격이 온화하고 태도가 유연하다. 남들과 적당한 거리를 두고 지내지만 필요할 때는 원만한 관계를 맺는다. 남이 원하는 것을 주고 자신이 원하는 것을 얻는다. 무엇이든 되는 쪽으로 일을 만들어 나간다.

탄소는 원자번호 6번이다. 주기율표 왼쪽 오른쪽 어디

188

로도 치우치지 않았다. 탄소 원자는 1층 전자껍질에 전자 2개를 채우고 2층 전자껍질의 두 오비탈에 각각 2개씩 전자를 가지고 있다. 그런데 2층에는 빈 오비탈이 2개 있다. 빈자리가 없게 하려면 전자 4개가 필요하다. 탄소는 전자를 공유할 기회가 오면 거부하지 않지만 남의 전자를 함부로 탐하지는 않는다. 원자핵과 전자가 비교적 가까이 있어서 잘 깨지지 않는데, 그렇다고 해서 어떤 경우에도 깨지지 않을 만큼 단단한 것은 아니다. 모든 면에서 어중간하다. 바로 그런 성격 덕분에 탄소는 생명 탄생의 주역이 되었다.

생명이 존재하려면 DNA처럼 안정한 분자를 만들어야 한다. 하지만 분자의 안정성이 지나치면 안 된다. 때로는 분자를 쪼개어 새 분자를 만들어야 하기 때문이다. 탄소는 그런 분자를 만들기에 딱 좋다. 탄소는 신중하다. 다른 원자가 달란다고 해서 너무 쉽게 전자를 내어주면 생명을 이루는 데 적합한 원자들을 만나도 결합하지 못한다. 욕심이 지나쳐 아무 원자하고나 함부로 결합해도 마찬가지 위험이 있다. 그렇지만 인색한 것은 아니다. 전자에 대한 탐욕이 아주 강한 수소가 다가오면 너그럽게 안아준다. 그렇게 해서 탄소와 수소 결합이 생명체의 분자를 이루게 되었다.[11]

탄소는 '리버럴'하다. '부족본능' 따위는 없다. 자기네

---

11   피터 앳킨스 지음, 김동광 옮김, 『원소의 왕국』, 사이언스북스, 2005, 253쪽.

끼리도 잘 뭉치고 다른 원소와도 잘 어울린다. '우리'와 '그들'을 차별하지 않는다. 탄소끼리 뭉칠 때나 황·인·산소·질소와 결합할 때나 껴안는 힘이 큰 차이가 없다. 그래서 에너지를 많이 쓰지 않고도 서로 다른 여러 원자 사이를 오간다. 종류가 다른 여러 원소와 이중·삼중으로 결합하기도 한다. 탄소를 함유한 분자는 탄소 원자 하나가 수소 원자 4개와 단순하게 결합한 메탄부터 놀랍도록 긴 인체 DNA까지 구조와 종류가 무한히 다양하다. 생명을 빚어낼 원소로 탄소만큼 가능성이 있는 것은 없다. 우주의 다른 행성에 생명이 있다면, 거기서도 탄소가 주인공일 가능성이 높다.[12]

다이아몬드와 흑연은 순수한 탄소결합물인데 결합 방식이 살짝 다르다.[13] 그것이 둘의 운명을 갈랐다. 탄소 원자 하나가 다른 탄소 원자 3개와 같은 평면에서 손잡으면 흑연이 된다. 어떤 탄소 원자도 아래나 위로 입체구조를 만들지 않아서 조금만 힘을 주면 층과 층이 미끄러져 떨어진다. 이런 성질 덕분에 흑연은 연필심으로 만들어져 화가와 작가와 과학자들이 감정과 생각을 기록하고 다듬고 표현하는 도구가 되었다. 미술과 문학과 과학의 발전에 흑연만큼 큰 기여

---

12 찰스 S. 코켈 지음, 노승영 옮김, 『생명의 물리학』, 열린책들, 2021, 306~313쪽.

13 흑연과 다이아몬드의 탄소결합 구조 차이는 『원더풀 사이언스』(나탈리 앤지어 지음, 김소정 옮김, 지호, 2010) 229쪽을 요약해 서술하였다.

를 한 물질이 또 있을까?

탄소 원자 하나가 다른 탄소 원자 4개와 결합해 3차원 구조를 만들면 다이아몬드가 된다. 다이아몬드는 탄소 원자가 상하좌우 모든 방향으로 뭉쳐 균질한 결정을 이루고 있어서 다른 물질로는 자를 수 없을 만큼 단단하다. 시야를 흐리는 불순물이 전혀 없어서 굴절된 빛을 영롱하게 내뿜는다. 사람들은 그 단단함과 영롱함에 영원한 사랑에 대한 소망을 투사했다. 똑같은 탄소인데도 결혼 예물이 된 다이아몬드가 부여받은 임무를 제대로 수행했다는 증거는 없다. 남자가 보유한 권력과 재산의 크기를 증명하는 수단으로는 훌륭했지만 그 영롱함으로 사랑의 환희를 북돋운 건 짧은 순간이었을 뿐이다. 하지만 책임은 다이아몬드가 아니라 사랑을 빛바래게 만든 시간에게 물어야 한다.

'중도 성향' 원소는 탄소 말고도 많다. 그런데 왜 하필 탄소였을까? 주기율표의 탄소 바로 아래에 규소(Si)가 있다. 규소는 탄소와 마찬가지로 최외곽 껍질에 전자 4개가 있다. 지구에 산소 다음으로 많아서 생명 탄생의 주역 자리를 두고 경쟁할 만하다. 그러나 규소는 최외곽 껍질이 3층이라서 전자와 핵의 거리가 탄소보다 멀기 때문에 자기네끼리 결합하는 강도가 탄소의 절반에 지나지 않는다. 복잡하고 긴 사슬을 만들지 못하며 다른 원자와 안정된 결합을 만들기 어렵다. 그래서 규소 원자 하나가 수소 원자 4개와 결합한 실란(SiH_4)은 상온에서 자연발화하고 만다. 게다가 탄소보다

덩치가 커서 산소와 이중결합을 이루기 힘들다. 산소를 이용해 다른 규소 원자와 그물망처럼 연결하는 정도가 고작이다. 그렇게 해서 만든 것이 유리 재료로 쓰는 규산염이다. 규소는 한 번 규산염 구조에 들어가면 꼼짝도 하지 않는다. 주기율표의 중간에 있지만 규소보다 더 크고 무거운 게르마늄·주석·납이 생명을 빚을 가능성은 더 희박하다.

내 몸은 탄소가 중용의 도를 지킨 덕분에 존재한다. 탄소를 함유한 물질은 검은색을 띠는 경우가 많다. 탄소가 얼마나 대단한 일을 했는지 알고 나자 검은색에 대한 느낌이 달라졌다. 탄소 때문에 검은지 다른 이유로 검은지는 중요하지 않다. 숯불에 고기를 굽다가 손과 얼굴에 검댕이 묻어도 예전처럼 질겁하며 닦아내지 않는다. 어두운 내 피부색에 대한 불만도 줄었다. 조문을 가려고 검정 넥타이를 맬 때 탄소를 생각하면 마음이 가벼워진다. 나는 과학의 사실에서 별 근거 없는 감상을 함부로 끌어내는 습관이 있다. 과학 공부를 해도 운명은 바뀌지 않는다. 나는 문과다.

환원주의 논쟁

학교에서는 화학과 물리학을 따로 가르친다. 대학에도 화학과와 물리학과가 따로 있다. 당연하다. 두 분야는 연구 대상이 다르다. 그런 점에서 4장은 조금 이상해 보일 수 있다. 분명 화학 이야기인데 물질이 아니라 원자와 전자가 주인공 같다. 화학을 물리학으로 환원하고 물질을 원자로 환원한 탓이다. 그랬다고 화내는 화학자는 없다. 과학자는 과학의 사실을 그저 사실로만 대한다. 지구가 태양 주위를 돈다는 사실에 분노를 느끼지 않는 것처럼 물질의 구조와 성질이 원자의 결합 방식에 따라 달라진다는 사실에 대해서도 특별한 감정을 품지 않는다.

화학자와 물리학자는 '환원주의'還元主義(reductionism) 논쟁을 하지 않는다. 화학자가 양자역학을 원래 자기네 것인 듯 가져다 쓰고 물리학자가 거리낌 없이 화학 책을 쓴다. 하지만 누구나 환원주의를 환영하는 건 아니다. 인문학자와 사회생물학자들은 감정을 불태우면서 격렬한 논쟁을 벌인다. 이 문제를 3장이 아니라 4장에서 다루는 것은 화학이 환원이라는 연구 방법의 필요성과 장점을 잘 보여준다고 판단했기 때문이다. 환원은 분야를 불문하고 널리 사용하는 연구 방법이다. 특별히 내세우진 않지만, 인문학자도 널리 쓴다.

환원은 복잡한 것을 단순한 것으로 나누어 단순한 것의 실체와 운동법칙을 파악하는 작업이다. 환원주의는 이러한 연구 방법을 모든 대상에 적용하려는 경향이나 태도를 가리키는 말이다. 복잡함과 단순함은 상대적 개념이라는 데 주의하자. 복잡한 것은 단순한 것으로 나눌 수 있고, 단순한 것은 더 단순한 것으로 나눌 수 있다. 예컨대 소금이 물에 녹는 것은 '비교적 복잡한' 현상이다. 물의 산소 원자가 음전하를 띠고 수소 원자가 양전하를 띤다는 것과 소금 결정을 구성하는 나트륨 원자와 염소 원자가 각각 전자 하나씩을 방출하거나 영입해 전하를 띠는 것은 '비교적 단순한' 현상이다. 비교적 단순한 현상으로 비교적 복잡한 현상을 명확하게 설명할 수 있다는 점에서 환원은 강력한 연구 방법이다. 그 방법을 널리 적용하는 연구방법론이 나오는 게 당연하다.

인문학자도 환원을 거부하지 않는다. 국가나 사회를 생각해 보자. 대한민국은 크고 복잡해서 설명하기 어렵다. 5,000만 명 넘는 사람이 서로 거래하고 의존하고 협력하고 경쟁하고 싸우면서 산다. 사유재산을 보호하는 경제제도와 권력자를 주기적으로 선출하는 정치제도를 실시한다. 신을 믿든 믿지 않든, 어떤 신을 믿든, 저마다의 자유다. 정치와 종교를 엄격하게 분리했고, 사회적 계급이나 신분제도를 인정하지 않는다. 이익과 신념을 달리하는 개인과 집단들이 때로 충돌하고 때로 타협한다. 왜 이런 사회가 생겼는지, 무슨 해결해야 할 문제가 있는지, 해결책은 무엇인지, 앞으로 어떻게 달라질지, 인문학자들은 설명하고 주장하고 예측한다.

인문학자는 사회를 정치·경제·문화 등 여러 층위로 나누어 분석하고 그것을 종합해 대한민국을 설명한다. 국민경제의 흐름을 수요 측면과 공급 측면으로 나누고, 경제 주체를 기업·가계·정부로 분할해 동향을 파악한다. 사회만 복잡한 게 아니다. 5,000만 넘는 사람 하나하나가 다 사회만큼이나 복잡하다. 그래서 인간의 내면을 의식과 무의식의 세계로 분할하기도 하고 성별로 나누어 특징을 분석하기도 한다. 사람 아닌 생물도 복잡한 대상이다. 지구 행성과 별과 우주도 크고 복잡하다. 인문학자는 사회와 사람을 맡고 나머지는 전부 과학자의 몫이다.

과학자는 드러내 놓고 환원주의 연구 방법을 쓴다. 화학은 물리학으로, 물질은 입자로 거의 완벽하게 환원한다. 그러나 그걸 두고 물리학 패권주의라고 비난하는 사람은 없다. 양자역학 덕분에 화학의 세계는 완전해졌고 화학산업은 더 발전했다. 그러나 인문학자는 환원주의를 배격하기도 한다. 환원주의는 생물학과 인문학의 접점에서 특히 날카로운 마찰을 일으켰다. 우리나라 학계도 예외가 아니다. 2009년 7월 한국과학철학회와 서양근대철학회를 비롯한 여러 학회가 국립과학관에서 '다윈 200주년 기념 연합학술대회'를 열었다. 이 행사는 11월 서울대사회과학연구원·통섭원·한국과학기술학회가 이화여대에서 연 공동 학술 심포지엄으로 이어졌다. 주제는 '부분과 전체: 다윈, 사회생물학, 그리고 한국'이었다. 여기서 환원주의 논쟁이 불타올랐다. 어떤 인문학자는 아래와 같이 사회생물학을 비판했다.

인간의 역사과정을 물리적 역사과정에서 분리해야 할 근본적인 차이는 없다. 모든 것은 궁극적으로 물리법칙으로 환원할 수 있다. 인간의 문화도 인과적 설명으로 과학과 연결해야 온전한 의미를 가진다. 사회학은 인류학

단순한 것으로 복잡한 것을 설명할 수 있는가

에, 인류학은 영장류학에, 영장류학은 사회생물학에 포섭된다. 에드워드 윌슨은 이렇게 주장했다. 그렇다면 사회생물학은 왜 물리학에 통합하지 않는가? 사회과학이 사회에서 마음과 뇌로 이어지는 인과적 설명망을 만들어내지 못해서 과학 이론의 본질을 결여하고 있다는 지적이 옳다면, 물질에서 생명으로 이어지는 인과적 설명망을 만들어내지 못하는 사회생물학도 과학 이론의 본질을 결여하고 있는 것 아닌가. 인문학이든 과학이든 학문을 이런 식으로 비판해서는 안 된다. 사회과학자더러 뇌의 전달 물질을 연구해 사회 행동이나 문화와 연계하라는 것은 불가능한 일을 하라는 요구다. 사회생물학자더러 물리학을 연구해 물질 수준의 토대에서 동물 행동을 설명하라고 하는 것도 마찬가지다. 게다가 진화의 수준이 변하면 새로운 성질이 '창발'創發하기(emerge) 때문에 하위 수준을 연구한다고 해서 반드시 상위 수준을 설명할 수 있는 것도 아니다. 인간은 다른 동물과 다른 차원의 언어를 사용하고 차원이 다른 의미를 추구한다. 유전자를 연구해서 문화를 설명할 수는 없다.[14]

14　환원주의에 대한 비판 요지는 이 심포지엄 발표문 가운데 하나인 이 정덕의 「지식대통합이라는 허망한 주장에 대하여: 문화를 중심으로」(김동광·김세균·최재천 엮음, 『사회생물학 대논쟁』, 이음, 2011) 107~145쪽에서 요약하였다.

분노의 감정을 드러낸 이 주장의 핵심은 두 문장으로 요약할 수 있다. 첫째, 인문학을 생물학으로 환원할 수 없다. 둘째, 인문학을 과학과 통합할 수 없다. 환원도 통합도 안 될 일이다. 인문학은 인문학이고 과학은 과학일 뿐이다. 그런 뜻이다. 여기서 통합이라는 말이 왜 나오는지는 잠시 뒤에 말하겠다. 나는 '지금은' 이 반론이 옳다고 본다. 하지만 '영원히' 맞을 것이라고 생각하지는 않는다. 인간의 어떤 행위도 물리법칙을 벗어나지 않는다. 하지만 인간의 모든 행위를 물리법칙으로 설명하지는 못한다. '아직' 설명하지 못하는지 원리적으로 불가능한지, 나는 판단하지 못하겠다. 인간의 심리와 행동을 물리법칙으로 남김없이 설명할 수 있는 날이 결코 오지 않을 것이라고 확언할 근거는 없으니까.

우리는 과학혁명의 문을 연 과학자의 이름과 생애를 안다. 코페르니쿠스, 튀코 브라헤Tycho Brahe(1546~1601), 케플러, 갈릴레이 같은 이들이다. 뉴턴은 그들이 발견한 모든 사실을 설명할 수 있는 물리학을 정립해 과학혁명을 궤도에 올렸다. 그 혁명을 이끈 연구방법론이 바로 환원주의였다. 과학자들은 흔히 호모 사피엔스가 찾아낸 지식 가운데 가장 중요한 한 가지로 원자론을 꼽는다. '세계는 원자로 이루어져 있다.' 이것이 인류 문명사에서 가장 중요한 발견이라는 것이다. 그렇다면 인간이 생각해낸 가장 중요한 질문은 무엇이었을까? 바로 그 발견을 이끌어낸 질문이다. '세계는 무엇으로 이루어져 있는가?' 답을 찾으려면 크고 복잡한 세계를 작고 단순한 것으로 끝없이 쪼개야 한다. 과학의 역사는 환원주의 연구방법론의 위력을 결과로 증명했다.

학문이 끝없이 작은 단위로 갈라진 것도 환원주의 연구방법론과 관계가 있다. 생물학·화학·물리학은 과학의 큰 갈래다. 분야마다 다양한 세부 학문이 있다. 예컨대 생물학에는 동물학·식물학·미생물학·분자생물학·세포생물학·유전학·진화생물학·사회생물학 등이 있다. 그게 전부가 아니다. 유전학 내부로 들어가면 생물학자도 다 알지 못할 정도로 많은 전문분야가 있다. 인문학도 그렇다. 경제학·정치학·사회학·인류학·철학·역사학·언론학 등은 큰 갈래일 뿐이다. 경제학 안에 미시경제학·거시경제학·재정학·경제통계학·수리경제학·노동경제학·금융경제학·무역학·보건경제학·환경경제학·경제지리학 등 여러 분야가 있고, 분야마다 경제학자도 잘 모를 세부 전공이 펼쳐진다. 모두가 복잡한 대상을 단순한 것으로 쪼갠 탓에 생긴 현상이다.

인문학도 환원주의 연구 방법을 널리 쓴다. 다시 경제학을 사례로 든다. 내가 그나마 좀 아는 분야라 그런 것이니 독자들께서 양해하시기 바란다. 경제학은 국민경제를 기업과 소비자와 정부라는 경제 주체로 환원하고, 세 주체가 추구하는 목적과 그 목적을 이루기 위해 선택하는 행동방식을 종합해 국민경제의 동향을 설명한다. 사회적 생산에 들어가는 생산요소를 노동과 자본과 기술 셋으로 환원하고, 개별 생산요소의 특성과 증감 등에 대한 정보를 근거로 경제성장률을 예측한다. 노동시장을 수요와 공급 양면으로 환원하고, 수요자인 기업과 공급자인 노동자의 동향을 분석함으로써 임금수준과 실업률의 추이를 설명한다. 필요하면 노동시장도 여럿으로 나눈다. 높은 수준의 급여와 고용 안정성을 제공하는 내부노동시장internal labor market과 고용 보호가 없는 단순노동시장spot labor market으로 나누어 임금 격차와 사회적 차별의 원인을 찾는다. 환원주의가 추동한 학문의 세분화와 전문화 현상은 인문학과 과학을 가리지 않았다.

통섭의 어려움

만사가 그렇듯 환원주의도 위험 요소가 있다. 가장 중대한 위험은 복잡한 것을 설명한다는 원래 목적을 잃어버리는 것이다. 단순한 것을 연구할 가치가 없다는 말이 아니다. 가장 단순한 수소의 원자 구조를 파악하는 일이 중요하다는 걸 누가 부정하겠는가. 그러나 우주의 구조와 운동법칙을 설명할 수 있어야 수소의 원자 구조를 아는 것이 온전한 의미를 가진다는 것 또한 분명하다. 복잡한 것을 설명하는 임무를 수행하려면 연구자가 자신이 몸담은 세부 학문의 경계를 넘어 다른 분야의 연구 성과를 습득하고 다른 분야의 연구자와 소통해야 한다. 설명하려는 대상이 우주든 사회든 사람이든 마찬가지다. 그래야 환원주의가 훌륭한 연구방법론이 될

수 있다. 윌슨은 그런 노력을 가리켜 '통섭'統攝(consilience)이라
고 하면서 다음과 같이 말했다.

> 과학과 인문학을 연결하는 것은 지성의 가장 위대한 과
> 업이다. 오늘날 우리가 목격하는 지식의 파편화와 철학
> 의 혼란은 실제 세계의 반영이 아니라 학자들이 만든 것
> 이다. 통섭은 통일統一(unification)의 열쇠다. 분야를 가로지
> 르는 사실들과 사실에 기반을 둔 이론을 연결해 지식을
> '통합'해야 한다. 학문의 갈래를 가로지르는 통섭의 가
> 능성에 대한 믿음은 소수의 과학자와 철학자가 공유하
> 는 형이상학적 세계관에 지나지 않지만 과학이 지속적
> 으로 성공했다는 사실이 그것을 지지해 준다. 인문학에
> 서도 힘을 발휘한다면 더 확실한 지지의 증거가 될 것이
> 다. 통섭은 지적 모험의 전망을 열어 주고 인간의 조건을
> 더 정확하게 이해하도록 이끈다.[15]

라틴어에서 유래한 단어 'consilience'는 철학자 윌리엄
휴얼William Whewell(1794~1866)이 1840년에 출간한 『귀납적 과학
의 철학』에서 처음 사용했다. 망각의 운명을 선고받고 역사
의 심연에 가라앉고 있던 그 말을 윌슨이 건져 올렸다. 장대

---

[15] 에드워드 윌슨 지음, 최재천·장대익 옮김, 『**통섭: 지식의 대통합**』, 사
      이언스북스, 2005, 39~41쪽에서 발췌 요약하였다.

익 교수와 함께 윌슨의 책을 번역한 최재천 교수의 말에 따르면 여러 분야 학자들의 의견을 듣고 고민한 끝에 '통섭'을 번역어로 채택했다. 우리나라 언론과 학계와 출판계는 이 주제에 관심을 보였지만 대중의 눈길을 오래 붙들지는 못했다. 통섭은 환원주의를 수단으로 삼아 지식을 통합하는 것이다.

분석은 과학적 방법으로 하지만, 통섭은 언어로 해야 하기에 과학과 인문학이 모두 필요하다. 진리를 따라 과감하고 자유롭게 학문의 국경을 넘나들어야 한다. 진리는 철새처럼 어느 정도 정해진 경로를 따라 움직인다. 생물학에서 나온 문제가 경제학과 정치학을 거쳐 심리학과 수학에 정착한다. 사회학의 문제가 행정학·법학·기상학·화학·음악의 영역까지 뻗어 간다. 지난날의 '학제적 interdisciplinary 연구'는 여러 분야 연구자들이 저마다 자기 영역의 목소리를 보탠 '다학문적multidisciplinary 유희'에 지나지 않았다. 통섭은 학문의 경계를 허물고 일관된 이론의 실로 전체를 꿰는 '범학문적transdisciplinary 접근'을 요구한다.[16]

16   통섭의 개념을 정리한 이 문장들은 『**통섭: 지식의 대통합**』(에드워드 윌슨 지음, 최재천·장대익 옮김, 사이언스북스, 2005)의 「옮긴이 서문」에서 가져왔다.

나는 여기서 '과학자 최재천'의 마음을 본 것 같다. 그는 생각을 다 말하지 않았다. 인문학자들과 좋은 분위기에서 의미 있는 대화를 이어가고 싶어서 최대한 절제했다. 같은 내용을 직설적으로 표현한 다른 과학자들의 말과 비교해 보고 그렇게 판단했다. 과학자들은 오래전부터 인문학에 과학의 토대를 제공하려고 노력했다. 1장에서 만났던 물리학자 리처드 파인만이 그랬고, 우주와 생명과 인간을 하나로 묶은 TV다큐멘터리 《코스모스》를 제작하고 같은 제목의 책을 쓴 천문학자 칼 세이건도 그랬다. 『엔드 오브 타임』의 절반을 인문학에 할애한 물리학자 브라이언 그린도 마찬가지다. 시간을 더 거슬러 올라가면 물리학자 슈뢰딩거를 만나게 된다. 그는 『생명이란 무엇인가』에서 생물학을 물리학으로 환원하려고 했다. '통섭'이라는 말을 쓰지는 않았지만 윌슨과 똑같은 이야기를 했다.

우리는 세상 모든 것을 담아내는 통괄적·보편적 지식에 대한 강렬한 열망을 지니고 있다. 그런데 다양한 학문이 넓고 깊게 발전하면서 생각지도 못했던 딜레마와 마주쳤다. 우리는 이제 세계를 전체로 온전하게 이해하는 데 필요한 재료를 얻기 시작했다. 그러나 누구도 자신의 전문분야를 넘어 세계를 완전하게 이해하지는 못한다. 진정한 목표를 영원히 상실하지 않았다면 누구라도, 불완전한 지식 때문에 웃음거리가 되더라도, 여러 사실과 이론을 종합하는 일을 시작해야 한다. 딜레마에서 빠져나올 다른 방법은 없다. 내가 말하려는 개념은 하나뿐이다. 살아 있는 생명체의 공간적 경계 안에서 일어나는 '시공간'의 사건들을 물리학과 화학으로 설명할 수 있을까? 잠정적인 대답을 요약하면, 현재의 물리학이나 화학은 생물학의 사건을 분명하게 설명하지 못한다. 그러나 미래에는 할 수 있을 것임을 조금도 의심하지 않는다.[17]

슈뢰딩거가 이렇게 말하고 80년이 지났다. 세포생물학·분자생물학·유전학·생화학·화학·양자역학 등 관련 학문이 발전한 덕에 '살아 있는 생명체의 공간적 경계 안에서 일어나는 사건' 가운데 적지 않은 것을 물리학과 화학으로 설명할 수 있게 되었다. 슈뢰딩거의 말 그대로 전부 해명하는 날이 언젠가는 올지도 모른다. 그러나 이건 어디까지나 생물학에 관한 이야기다. 인문학은 생물학보다 훨씬 멀리 있다. 비교할 수도 없다. 생물학은 화학으로, 화학은 물리학으로 환

17 학문의 통합에 관한 슈뢰딩거의 견해는 『**생명이란 무엇인가**』(에르빈 슈뢰딩거 지음, 서인석·황상익 옮김, 한울, 2001) 17~18쪽과 28쪽에서 요약하였다. 아일랜드 수도 더블린의 트리니티 칼리지에서 한 강연을 텍스트로 옮긴 책으로, 1944년 9월 초판이 나왔지만 실제 강연은 1943년 2월에 했다. 물리학자가 쓴 생물학 책인 만큼 오류로 밝혀진 내용도 있었지만 젊은 생물학 연구자들에게 큰 감명을 주었다. DNA 이중나선 구조를 최초로 확인한 생물학자들은 논문 초쇄본을 보내는 방식으로 슈뢰딩거에게 존경심을 표현했다.

원할 수 있고, 물리학과 화학은 생물학으로 종합할 수 있지만 인문학도 그렇게 할 수 있는지는 의문이다. 윌슨은 과격하다 싶을 정도로 솔직한 어조로 통섭의 필요성을 강조했다. 아래와 같은 말은 인문학자들이 화를 내는 게 당연하다 싶을 만큼 신랄하다.

의학자는 암을 고치고 유전 결함을 바로잡으며 잘린 신경을 수리한다. 문제가 하나같이 복잡해서 근본적인 해법을 찾기가 쉽지 않지만 의학은 극적으로 진보한다. 세계의 수많은 연구 집단이 정보를 공유한다. 신경생물학자·미생물학자·분자유전학자들은 경쟁하면서도 서로를 격려한다. 의학자는 분자생물학과 세포생물학을 토대로 건강과 질병을 생물학·화학·물리학 수준까지 내려가서 연구한다. 유기체에서 분자까지 생물 조직의 모든 수준에 적용할 수 있는 근본원리를 사용한다. 의학은 통섭을 행한다.

그러나 사회과학자는 인종 갈등을 완화하는 방법, 개발도상국이 민주주의로 이행하는 방법, 세계 무역을 최적화하는 방법을 모색하는 데 낙관적 전망이 부족하고 정보를 공유하지 않는다. 이념투쟁 때문에 중요한 발견도 빛이 바랜다. 인류학자·경제학자·사회학자·정치학자는 서로 이해하거나 격려하지 않는다. 과학을 통일하고 인도하는 지식의 위계를 거부하고 자기만의 방에서 자기만의 언어로 말한다. 혼돈 상태를 창조적 효소라 착각하고 이론을 당파적인 사회운동과 개인적인 정치철학에 얽어맨다. 예전에는 마르크스-레닌주의나 사회다원주의처럼 극단적인 이론을 수용했고, 지금은 자유방임 자본주의에서 극단적 사회주의까지 온갖 이념을 인정한다. 객관적 지식이라는 개념 자체를 문제 삼는 포스트모던 상대주의까지 나왔으니 이념의 시장은 한없이 넓어졌다. 사회과학자들은 부족 충성심에 쉽게 속박당하고 이론의 창시자에게 구속된다. 사회과학이 인간 조건을 이해하는 데 기여한 바가 없지는 않았다. 그러나 그들은 자기네 이야기를 생물학과 심리학의 물리적 실재에 단 한 번도 끼워 넣어 보지 않았고 심리학과 생물학의 발견을 무시했다. 그래서 공산주의를 과대평가하고 인종주의를 과소평가했다.[18]

분야를 가리지 않고 통섭을 행하기 때문에 과학은 극적으로 발전했고 사회과학은 통섭을 거부하기 때문에 발전이 더디다는 말이다. 사회과학을 인문학으로 바꾸어도 이 진단은 그대로 들어맞는다. 과격하지만 옳은 지적이다. 나는 그

---

18   의학과 사회과학을 비교한 윌슨의 주장은 『**통섭: 지식의 대통합**』 (에드워드 윌슨 지음, 최재천·장대익 옮김, 사이언스북스, 2005) 317~321쪽에서 요약하였다.

렇게 생각한다. 윌슨은 인문학을 사회생물학의 하위 분야로 통합하자고 하지 않았다. 인문학의 명제를 과학이 밝혀낸 생명과 인간에 관한 사실에 비추어 보고 과학의 토대 위에 인문학을 재구축하자고 했을 뿐이다. 나는 인문학자도 과학자처럼 환원과 통섭을 동시에 실행해야 한다고 생각한다. 누구도 인문학과 생물학을 당장 통합하자거나 과학과 인문학의 경계를 없애버리자고 외치지 않는다. 그런 주장을 한다고 해도 통섭을 전제로 인문학을 생물학으로 환원해 보라는 권유라고 해석하는 게 합당하다. 인문학과 과학의 공통분모를 탐색해 보자는 제안을 받아들여서 해가 될 일이 뭐 있겠는가.

내가 알기로는 2009년 11월 이 공동 학술 심포지엄 이후 비슷한 학술행사는 한 번도 열리지 않았다. 그 심포지엄을 성사시켰던 최재천 교수는 학문의 경계를 허물고 일관된 이론의 실로 전체를 꿰는 '범학문적 접근'을 호소했지만 그가 '다학문적 유희'에 지나지 않았다고 비판한 '학제적 연구'조차 잘 이루어지지 않았다. 나는 경제학을 전공했지만 2017년 이후로는 경제학 관련 학회 행사 근처에도 가지 않았다. 토론자로 참여했던 마지막 학회에서 느꼈던 감정이 떠오른다. 소통하지 못하는 답답함이었다. 경제학자들은 자기네끼리도 협동 연구를 잘 하지 않는다. 노동시장 연구자와 국제금융 연구자가 학문적 대화를 나누기는 사실상 불가능하다. 어디 경제학만 그렇겠는가.

5

우리는 어디서 왔고 어디로 가는가

(물리학)

불확정성 원리

1970년대 후반 '불확실성의 시대'라는 말이 유행했다. 영국 BBC 다큐멘터리 《불확실성의 시대》The Age of Uncertainty 제작에 참여한 경제학자 갤브레이스John Galbraith(1908~2006)가 같은 제목으로 쓴 책은 글로벌 베스트셀러가 되었다. 미국 경제인 연합회 회장을 지냈고 민주당의 여러 대통령을 자문했던 그는 경제사와 경제학을 버무려 당대의 과제를 조명하면서 시장경제를 영원한 자유의 질서라고 찬양한 주류경제학과 자본주의 체제의 붕괴를 예언한 마르크스주의 경제학 둘 모두를 비판했다. 어떤 사상·이론·이념도 진리라 확신할 수 없다는 갤브레이스의 견해는 '불확실성의 시대'라는 제목과 잘 어울렸다.[1]

---

[1] 『불확실성의 시대』(존 K. 갤브레이스 지음, 원창화 옮김, 홍신문화사, 2011)는 20세기의 고전이라고 할 수 있다. 갤브레이스는 노벨경제학상을 받지는 못했으나 오랫동안 유력한 후보였던 '지식 셀럽'이다. 경제학뿐만 아니라 역사학과 사회학에도 조예가 깊었고 케네디 대통령의 취임 연설문을 집필할 정도로 널리 인정받은 작가였다. 이

영어 'uncertainty'는 여러 의미로 쓰는 단어다. 독일 물리학자 하이젠베르크Werner Heisenberg(1901~1976)가 제안한 양자역학의 '불확정성'Unbestimmtheit을 영어권 학자들이 이 단어로 옮겼다. 여러 번 말했지만 인간의 언어로는 양자역학을 서술하기 어렵다. 단어의 뜻이 문맥에 따라 달라지고 문장의 의미와 느낌이 언어의 장벽을 넘을 때마다 미묘하게 바뀌기 때문이다. 독일어 'Unbestimmtheit'(발음은 운-베슈팀트-하이트)는 동사 'bestimmen'(베슈팀멘, 확정하다)에서 나왔다. 수동형 'bestimmt'(베슈팀트, 확정된)에 명사형 어미 'heit'를 붙이면 'Bestimmtheit'(베슈팀트-하이트, 확정됨), 여기에 반대말을 만드는 전철 'un'을 더하면 'Unbestimmtheit'(확정되지 않음)가 된다. 'uncertainty'는 가장 비슷한 영어 단어이지만 완전히 같지는 않아서 물리학에서는 '불확정성'으로 옮기고 인문학에서는 '불확실성'으로 번역한다. 같은 단어인데도 맥락에 따라 다르게 옮기는 것이다.

'불확실성의 시대'라는 말의 유행은 양자역학의 '불확정성 원리'와 관련이 있었던 듯하다. 지동설과 진화론 같은 과학의 발견은 종종 인문학의 뿌리를 흔들었다. 양자역학도 만만치 않았다. 불확정성 원리는 고전역학이 완전한 진리가

책은 반세기 가까운 세월이 흘렀지만 인문학 필독서로 추천하기에 부족함이 없다. 갤브레이스는 머리말에서 '불확실성의 시대'라는 말이 그 여운이 좋고, 사고의 범위를 제한하지 않으며, 지난 세기 경제 사상의 확실성을 현대의 불확실성과 대비하는 데 적합하다고 했다.

아니라는 사실을 드러냄으로써 과학자들을 놀라게 했다. 그러나 인문학자를 놀라게 할 만한 발견은 아니었다. 인문학의 연구 대상인 인간과 사회는 고전역학으로 정확하게 서술할 수 있는 거시세계에 속하기 때문이다. 고전역학이 미시세계에 통하지 않는다고 해서 인문학 이론을 수정할 필요는 없었다. 그런데도 인문학자들은 불확정성 원리를 자기네 방식으로 해석함으로써 지적 충격을 스스로 만들어냈다. 난해한 이론이라 오해의 정도가 심했다.

불확정성 원리에 따르면 입자의 운동량과 위치를 동시에 알 수 없다. 이것이 인문학과 무슨 상관이 있는가? 그것을 세계에 대한 인간의 인식능력의 한계를 보여주는 증거로 해석하면 없던 관계가 생긴다. 이런 의심이 고개를 들기 때문이다. '인간과 사회도 정확하게 인식할 수 없는 건 아닐까?' '자유주의·민주주의·사회주의·공산주의 같은 이념이 진리인지 여부도 알 수 없는 것은 아닌가?' 과학이든 인문학이든 의심해서 나쁠 건 없다. 낡은 것을 의심해야 새로운 것을 찾을 수 있으니 오히려 좋은 일이다. 그런데 그 의심은 오해에서 나왔다. 불확정성 원리는 인간 인식능력의 한계를 보여주는 증거가 아니다. 거꾸로 말해야 맞다. 양자역학은 고전역학으로 설명할 수 없는 미시세계의 운동법칙까지 우리가 정확하게 알 수 있다는 사실을 입증했다. 내 주장이 아니다. 과학자들이 그렇다고 한다.

우리는 어디서 왔고 어디로 가는가

수소 원자는 핵에 양성자가 하나 있고 그 바깥에 전자가 하나 있는 게 전부다. 전자는 원자핵 주변을 둘러싼 구름 형태로 분포한다. 구름의 밀도는 그 위치에서 전자를 발견할 확률을 나타낸다. 핵에서 멀어질수록 구름 밀도는 낮아진다. 전자가 이런 식으로 분포한 것을 오비탈이라고 한다. 오비탈은 행성의 공전 궤도처럼 정확하지 않다. 하지만 전자의 궤적이 부정확하다는 뜻은 아니다. 모든 지점의 전자구름 밀도를 계산해서 특정 전자를 특정 위치에서 발견할 확률을 알아낼 수 있다. 전자를 정말 그곳에서 발견할 것이라고 할 수 없어서 정확하지 않다고 할 뿐이다. 양자역학은 우리가 사물에 대해 완전한 지식을 가질 수 없음을 증명하지 않는다. 반대가 진실이다. 양자역학은 우리가 진정 알 수 있는 것이 무엇인지 보여준다.[2]

불확정성 원리는 인문학에 '불확실성' 개념이 퍼지는 데 영향을 주었다. 오해였지만 나쁘지 않은 일이었다. 그러나 물리학자들은 인문학자와 달랐다. 그들은 불확정성 원리를 정확하게 이해하고 엄청난 충격을 받았다. 물리학 자체가 지진 난 땅처럼 흔들렸다. 고전역학은 물체의 위치와 운동량을 동시에 아는 데서 출발한다. 중력이 왜 존재하는지는 모

---

2   피터 앳킨스 지음, 김동광 옮김, 『**원소의 왕국**』, 사이언스북스, 2005, 192~193쪽.

르지만, 우리는 어떤 물질의 위치와 낙하 속도를 알면 몇 초 후에 그것이 어디에 있을지 정확하게 예측할 수 있다. 총알처럼 수평으로 날아가는 물체의 운동도 마찬가지로 정확하게 서술하고 예측한다. 고전역학의 세계는 결정론이 지배한다. 모든 것이 물리법칙으로 확실하게 결정되어 있고 우리는 그것을 안다. 그런데 입자들이 활동하는 미시세계에서는 고전역학의 결정론이 통하지 않는다. 경악스러운 사태였다.

왜 전자의 위치와 운동량을 동시에 확정할 수 없다고 하는가? 인문학도가 꼭 알아야 하는 건 아니지만 궁금해서 과학자의 설명을 들어보았다. 결론은 '역시나'였다. 양자역학은 내가 가지고 놀 수 있는 대상이 아니었다. 당연하다. 그럴 수 있다면 문과가 되었겠는가. 양자역학은 물리학에서도 가장 난해하다고 하지 않는가. 그래도 이해하고 싶었다. 언저리를 슬쩍 더듬어 보았더니 정말 신기했다. 인간의 언어를 멋지게 구사하는 물리학자의 설명을 요약해 보겠다.[3]

과학자들은 전자가 입자라고 생각했다. 그런데 실험 결과가 이상했다. 슬릿(좁고 긴 직사각형 구멍) 두 개를 나란히 낸 벽 뒤에 스크린을 세우고 전자를 쏘았다. 어떤 전자는 벽에 튕겨 나왔고 어떤 전자는 슬릿을 지나 스크린에 닿았다.

---

3   이중슬릿 실험과 불확정성 원리에 대한 설명은 『김상욱의 양자 공부』(김상욱 지음, 사이언스북스, 2017)의 32~37쪽, 43~55쪽, 103~107쪽을 참고해 서술하였다.

입자인 전자가 접착제 바른 야구공처럼 날아간다고 생각하자. 두 슬릿 가운데 하나를 통과한 전자는 스크린에 달라붙어 세로 줄무늬를 두 개 만들 것이다. 그런데 결과가 엉뚱했다. 스크린에 세로 줄무늬가 여럿 생겼다. 고전물리학 실험에서 나타나는 파동의 간섭무늬 비슷했다. 하나의 전자가 파동처럼 두 슬릿을 다 통과하지 않는다면 나올 수 없는 결과였다. 실험 결과에 대한 논리적 해석은 하나밖에 없었다. '전자는 입자이고 파동이다.'

입자는 두 슬릿 중에 어느 하나만 통과한다. 파동은 두 슬릿 모두를 지난다. 고전역학으로는 그래야 한다. 그런데 전자는 어느 쪽도 아니었다. 물리학자 중에는 무엇이든 반드시 실험을 해서 확인하는 이가 있다. 실험물리학자다. 그들은 전자도 예외로 두지 않았다. 전자의 운동을 확인하려고 사진을 찍었고, 믿기 어려운 결과를 받았다. 사진에는 두 슬릿을 동시에 통과하는 전자가 없었다. 모든 전자가 두 슬릿 가운데 하나를 지났고 스크린에 줄무늬가 두 개 생겼다. 그런데 사진을 찍지 않고 똑같은 실험을 하면 언제나 줄무늬가 여럿 생겼다. 생각할 수 있는 모든 방식으로 측정해 보았지만 결과는 같았다. 전자는 누가 보면 입자였지만 아무도 보지 않으면 파동이었다.

과학은 마법을 인정하지 않는다. 슈뢰딩거도 처음에는 실험 결과를 해석하는 데 어려움을 겪었다. 그런데 하이젠베르크가 말이 되는 설명을 내놓았다. 그는 측정이 무엇인지 생각했다. 위대한 발견도 알고 나면 별것 아닌 경우가 많다. 그래서 사람들은 머리카락을 쥐어뜯으며 자책한다. '이 간단한 것을 난 왜 생각하지 못했단 말인가!' 지동설과 진화론이 그랬고 불확정성 원리도 그랬다. 전자의 위치를 측정하려면 전자를 봐야 한다. '전자를 본다'는 건 무엇인가? 물리적으로는 '빛이 전자에 충돌하고 튀어나와 내 눈에 들어오는 것'이다.

그런데 빛도 전자와 마찬가지로 파동이고 입자다. 그래서 문제가 생겼다. 입자는 운동량이 있다. 가시광선 영역 빛 입자의 운동량은 날아가는 모기 운동량의 $1/10^{24}$쯤 된다. 전자의 질량은 $9/10^{28}$그램에 불과하다. 전자의 위치를 알려고 빛 입자를 전자에 충돌시키면 전자의 운동량이 달라진다. 정확하게 측정하려면 파장이 짧은 빛을 써야 하는데 파장이 짧을수록 빛 입자의 운동량은 크다. 따라서 위치가 정확해지면 운동량이 불확실해지고, 운동량이 확실해지면 위치가 부정확해진다. 전자현미경을 써도 문제를 해결할 수 없다. 결론은 분명하다. 전자의 위치와 운동량을 동시에 정확하게 아는 것은 불가능하다. 전자의 운동은 확률로 기술할 수밖에 없다. 이것이 '불확정성 원리'의 요체다. 여기까지는 나도 그럭저럭 이해했다.

슬릿A를 지나는 상태와 슬릿B를 지나는 상태가 하나의 양자에 동시에 존재하는 것을 양자 중첩量子重疊(quantum superposition)이라고 한다. 전자는 두 슬릿 가운데 하나만 지나는 것

우리는 어디서 왔고 어디로 가는가

도 아니고 두 슬릿을 모두 통과하는 것도 아니다. 측정하기 전에는 전자의 상태를 알 수 없고 측정하면 중첩상태가 깨진다. 물리학자들은 고전역학의 방정식으로는 이러한 입자의 운동을 서술할 수 없다는 사실을 인정하고 새로운 서술 방법을 찾아냈다. 하이젠베르크는 행렬行列(matrix)역학으로, 슈뢰딩거는 파동방정식으로 전자의 운동을 서술하는 데 성공했다.[4]

'신은 주사위를 던지지 않는다.' 아인슈타인은 이런 말로 양자역학의 비결정론에 대한 불만을 드러냈다. 문과들은 철학의 향기에 끌린다. 수학과 관계가 있지만 수학처럼 보이지 않는 이야기를 좋아한다. 날아가는 화살은 멈추어 있다는 '제논의 역설', 앞면과 뒷면을 구분할 수 없는 '뫼비우스의 띠', 안과 밖을 나눌 수 없는 '클라인의 병' 같은 것 말이다. 알 수는 없지만 무언가 심오한 인문학적 의미를 담고 있는 것 같아서다. '슈뢰딩거의 고양이' 이야기도 그런 것이다. 인문학자가 흔히 인용한다. 무슨 깊은 뜻이 있을 것이라 생각했다. 하지만 알고 보니 그런 것 같지는 않았다.

슈뢰딩거는 물리학자로서 양자역학에 대한 불만을 드

---

4   특정한 곳에서 특정한 전자를 발견할 확률을 정확하게 계산할 수 있는 하이젠베르크의 행렬역학과 슈뢰딩거의 파동방정식이 어떻게 생겼는지 궁금한 분은 검색엔진을 가동하시기 바란다. 내가 보기엔 방정식이 아니라 추상화 같았다. 파동방정식을 어렵지 않게 유도할 수 있다는 과학자들의 말을 나는 믿지 않는다.

러냈을 뿐이다. 심정은 이해가 간다. 양자역학은 우주를 둘로 갈랐다. 고전역학의 결정론이 지배하는 거시세계와 양자역학의 불확정성이 존재하는 미시세계로. 낯익은 구도 아닌가. 그렇다. 우주를 지상계와 천상계로 나누어 서로 다른 법칙이 지배한다고 주장한 아리스토텔레스의 이분법과 같다. 과학은 보편법칙을 탐구한다. 과학자는 우주를 서로 다른 법칙이 지배하는 두 영역으로 나누는 것을 받아들이기 싫어한다. 슈뢰딩거는 그런 이분법을 용납할 수 없었다. 그래서 애먼 고양이를 끌어들였다. 요지를 추리면 이런 이야기인데, 심오한 철학적 의미는 없다고 본다.

어떤 원자가 A와 B 두 상태일 수 있다. 원자가 A상태면 아무 일이 없지만, B상태면 기계가 작동해 독약 병을 깬다. 독약 병과 고양이 한 마리가 상자에 들어 있다. 그런데 원자는 중첩상태여서 A인 동시에 B일 수 있다. 독약 병은 멀쩡한 동시에 깨져 있을 수 있다. 고양이는 살아 있으면서 죽어 있다. 원자는 미시세계에 속하니까 그래도 된다. 그러나 고양이는 거시세계에 속한다. 죽어 있는 동시에 살아 있을 수 없다. 독약 병도 그렇다. 원자도 그럴 수 없다. 하나의 입자가 여러 가능성을 동시에 가지는 중첩상태는 존재할 수 없다.[5]

슈뢰딩거는 이렇게 말하고 싶었다. '우주는 전체가 동

일한 물리법칙을 따라야 한다. 미시세계와 거시세계를 하나의 운동법칙으로 설명하지 못하는 것은 우주의 책임이 아니라 과학자의 책임이다.' 과학자가 아닌 나도 그 심정에는 공감한다. '우주의 모든 것은 원자로 이루어져 있다. 별과 태양과 지구와 인간이 모두 원자의 집합이다. 그런데 거시세계에 속한 것은 고전역학을 따르고 미시세계의 입자는 양자역학을 따른다? 무엇을 기준으로 미시세계와 거시세계를 나누며, 두 세계가 서로 다른 법칙을 따르는데도 우주가 붕괴하지 않는 건 무엇 때문인가. 두 세계 모두를 아우르는 법칙을 우리가 찾지 못하고 있는 것일 뿐이야.'

어떤 과학자들은 그렇게 생각하면서 고전역학과 양자역학을 통합하는 이론을 찾고 있다. 미시세계와 거시세계를 모두 아우르는 물리법칙이 정말 있다면 누군가 언젠가는 찾아낼 것이다. 사족을 하나 붙인다. 고양이는 양자역학과 아무 관계가 없다. 슈뢰딩거의 사고실험에 꼭 고양이가 필요한 건 아니다. 상자 안에 독약 병과 함께 있는 것이 강아지여도 된다. 토끼나 금붕어도 괜찮다. '슈뢰딩거의 강아지'나 '슈뢰딩거의 토끼'여도 아무 차이가 없다는 말이다.

---

5   슈뢰딩거는 고양이를 동원한 '사고실험'으로 '양자 중첩' 개념을 비판했는데 물리학자들은 그 사고실험을 학문적으로 반박했다. 상세한 내용을 알고 싶은 독자는 『세계를 바꾼 17가지 방정식』(이언 스튜어트 지음, 김지선 옮김, 사이언스북스, 2016) 397~413쪽을 참고하기 바란다.

상대성이론

'철학은 거대한 책 우주에 수학이라는 언어로 씌어 있다. 수학을 모르면 철학을 파악할 수 없다.' 갈릴레이가 『분석자』 Il Saggiatore라는 책에서 한 말이라고 한다.[6] 여기서 철학은 우리가 생각하는 철학이 아니라 물리학이다. 정말 그렇다. 수학 없이는 우주의 운동법칙을 이해하고 서술하기 어렵다. 큰 성취를 남긴 과학자는 다들 수학을 잘했다. 갈릴레이의 말이 옳다는 것은 케플러와 뉴턴을 비교해 보면 알 수 있다. 케플러가 뛰어난 수학자였다면 뉴턴보다 먼저 만유인력 법칙을 정립했을지 모른다.

케플러는 튀코 브라헤의 천문 관측 기록을 연구해서 찾아낸 행성의 운동법칙을 인간의 언어로 서술했다.[7] 첫째, 행성은 타원궤도를 따라 움직이고 태양은 타원의 초점에 있다. 둘째, 행성의 동경動徑, radius vector(행성과 태양을 연결한 선분)은 같은 시간 동안 같은 넓이를 쓸고 지나간다. 공전궤도가 태양에 가까울수록 행성이 더 빨리 달린다는 뜻이다. 셋째,

6   에르베 레닝 지음, 이정은 옮김, 『세상의 모든 수학』, 다산사이언스, 2020, 320~321쪽.

7   케플러가 행성의 운행법칙을 발견한 과정과 그 법칙이 과학 발전의 역사에서 차지하는 지위에 대해 더 깊이 알고 싶은 독자는 『코스모스』(칼 세이건 지음, 홍승수 옮김, 사이언스북스, 2006) 124~161쪽을 참고하기 바란다.

우리는 어디서 왔고 어디로 가는가

행성의 공전주기를 제곱한 값은 행성과 태양 사이의 평균거리를 세제곱한 값에 비례한다. 행성은 태양에서 멀수록 더 천천히 움직이고 그 관계는 수학적으로 정해져 있다는 뜻이다. 첫째와 둘째 법칙은 천상계의 완벽함을 가정한 아리스토텔레스의 우주론을 깨뜨렸다. 셋째 법칙은 행성의 운동을 서술하는 데는 수학이 꼭 필요하다는 사실을 보여주었다.

뉴턴은 케플러가 인간의 언어로 말한 행성 운동의 법칙을 포함한 물질세계의 일반법칙을 수학으로 서술했다. 케플러라면 '우주의 모든 입자들은 그들의 질량을 곱한 것에 비례하고 그들 사이의 거리에 제곱한 것에 반비례하는 힘으로 서로를 끌어당긴다'고 말했을 그 법칙을 뉴턴은 방정식으로 표현했다. 만유인력 공식이다.

$$F = G\,\frac{m_1 m_2}{d^2}$$

(F는 인력, d는 거리, m_1 m_2는 두 물체의 중량, G는 중력상수)

과학자들은 이 방정식이 아름답다고 한다. 내가 김춘수 시인의 「꽃」이나 안도현 시인의 「너에게 묻는다」 같은 작품을 읽을 때 느끼는 것과 비슷한 감정이리라. 이 방정식은 우주 어느 곳에 있는 어떤 물체에도 다 들어맞는다. 케플러의 행성 운행법칙도 도출할 수 있다. 그 모든 일을 할 수 있으니 '천상의 압축미'를 지닌 한 편의 시라고 해도 될 것이다.

우리는 이것이 완전한 진리를 서술하지 않는다는 것을

안다. 우선 입자가 활동하는 미시세계에서는 작동하지 않는다. 거시세계를 다 설명하지도 못한다. 천천히 움직이는 두 물체가 서로를 끌어당기는 힘을 보일 뿐이다. 양자역학이 나오기 전에는, 아인슈타인이 상대성이론을 내놓기 전에는 그런 한계가 있다는 것을 몰랐다. 여기서 '천천히'는 범위가 넓다. 초음속 항공기나 발사대를 떠난 인공위성 로켓처럼 우리 눈에는 아주 빨라 보이는 물체의 운동을 포함해 고전역학으로 서술할 수 있는 운동은 다 '천천히'의 범위에 들어간다. 다른 천체에 우주선을 보내고 망원경을 태양계 밖으로 내보내는 우주 탐사 작업도 마찬가지다.

아인슈타인은 고전역학이 거시세계의 운동을 대체로 정확하게 설명하고 예측하지만 특정한 조건 아래서만 그렇다는 사실을 증명했다. 여기서 잠깐, 아인슈타인에 대한 오해를 풀고 가자. 아인슈타인은 인류 역사에서 첫손 꼽는 '과학 셀럽'이었다. 셀럽에게는 헛소문 또는 신화가 따른다. 사실 아닌 것이 사실처럼 알려진다. 중요한 것만 몇 가지 살펴보겠다.

첫째, 아인슈타인은 핵폭탄을 발명하지 않았다. 여러 과학자들의 요청을 받고 루스벨트 대통령한테 편지를 보내 핵폭탄 개발을 촉구했을 뿐이다. 그는 실험물리학자들의 연구 결과를 보고 핵폭탄 제조가 어렵지 않은 일임을 알았다. 히틀러가 먼저 핵폭탄을 개발하면 세상이 멸망할 것이라고 걱정했다. 그래서 미국 정부가 나서기를 요구했다. 여러 우여

우리는 어디서 왔고 어디로 가는가

곡절 끝에 루스벨트 대통령은 '우라늄위원회'를 설치하고 원자폭탄 제조 극비 프로젝트를 가동했다.[8] 이 일화는 아인슈타인이 독특한 헤어스타일과 장난스러운 표정으로 유명한 '과학 셀럽'이었던 것만은 아니라는 사실을 보여준다. 그는 과학자와 정치인들이 신뢰하는 과학의 지도자였다.

둘째, 아인슈타인의 공식 $E=mc^2$이 있어서 핵폭탄을 제조할 수 있었다는 생각 역시 오해다. 그 공식은 물질의 질량은 빛의 속도의 제곱을 곱한 것만큼의 에너지로 전환된다고 말한다. 빛의 속도는 초속 30만 킬로미터, 정확하게는

---

8   최초의 핵폭탄 제조와 관련하여 아인슈타인이 어떤 역할을 했는지 정확하게 알고 싶은 독자에게는 『E=mc²』(데이비드 보더니스 지음, 김희봉 옮김, 웅진지식하우스, 2014)을 추천한다. 저자는 '방정식 E=mc²의 전기'라고 할 수 있을 이 책에 아인슈타인이 보낸 편지의 핵심 내용이 어떠했는지, 그 편지를 백악관 담당자가 얼마나 오랫동안 무시하고 방치했는지, 나치 독일이 핵폭탄 제조에 어느 정도 가깝게 접근했는지, 나치에 협력한 하이젠베르크가 얼마나 집요하게 핵폭탄을 개발하려 했는지 구체적으로 서술했다. 방정식 좌변의 에너지 개념을 세우는 데 기여한 제본소 노동자 출신 마이클 패러데이, 우변의 질량 보존의 법칙을 발견한 회계사 라부아지에, 빛의 속도를 제곱한 값을 넣어 질량과 에너지의 관계를 밝힌 아인슈타인, 아인슈타인의 방정식이 참임을 증명하는 데 중요한 진전을 이룬 과학자들의 성취를 재구성했다. 책의 초점은 에너지 보존 법칙과 질량 보존 법칙이 별개가 아님을 설명하는 데 맞추어져 있다. 질량이 에너지로 에너지가 질량으로 전환되니 진정 불변인 것은 질량과 에너지의 합이며 둘을 매개하는 상수가 빛의 속도라는 것이다. 상대성원리에 대해서도 쉽게 다가설 수 있게 하는 이 책은 합당한 관심을 받지 못했거나 남자 동료들에게 공을 빼앗긴 여성 과학자들의 연구업적을 조명했다는 점도 보기 드문 장점이다.

222

299,792.458km/s로 음속의 무려 90만 배나 된다. 제곱하면 말 그대로 천문학적 숫자가 된다. 이 공식에 따르면 질량 1그램인 물질은, 어떤 물질이든, 보통 규모 핵발전소 하루 발전량과 맞먹는 에너지로 바뀔 수 있다. 히로시마와 나가사키에 떨어진 핵폭탄에서 에너지로 변한 질량은 1퍼센트도 되지 않았다. 그런데도 도시 하나를 잿더미로 만들 만큼 엄청난 파괴력을 냈다. 실험물리학자들은 아인슈타인의 공식과 상관없이 중성자를 우라늄(U_{235}) 원자핵에 밀어 넣어 연쇄분열을 일으키는 방법을 알아냈다. 핵폭탄은 이론물리학이 아니라 실험물리학의 산물이었다.[9] 아인슈타인은 실험실이 없는 이론물리학자였다. 그의 공식은 핵폭탄이 왜 그토록 강력한지 알려주었을 뿐이다.

셋째, 상대성이론은 철학의 상대주의와 전적으로 무관하다. 아인슈타인이 자신의 이론에 '상대성'이라는 말을 붙인 것은 고전역학의 상대운동 법칙을 수정했기 때문이다. 그는 어떤 물리 현상이 전혀 상대적이지 않고 절대적이라는 실험 결과를 이해하려다가 새로운 물리학을 창안했다. 어떤

---

9 핵폭탄의 역사에 대해 더 알고 싶은 독자에게는 『원자폭탄 만들기 1·2』(리처드 로즈 지음, 문신행 옮김, 사이언스북스, 2003)와 『수소폭탄 만들기』(리처드 로즈 지음, 정병선 옮김, 사이언스북스, 2016)를 강력 추천한다. 저자는 정치 이념의 완고함과 승리에 대한 욕망, 정치인의 이상과 열망, 과학자의 탐구심과 물리학 이론의 발전 과정, 절멸에 대한 공포와 핵 없는 세상에 대한 열망까지, 핵폭탄의 모든 것을 냉정한 문장으로 서술했다.

물리 현상이 절대적인가? 빛의 속도다. 빛은 매질이 없는 진공에서도 빛의 속도로 달린다. 어떤 물체도 빛보다 빨리 움직이지는 못한다. 빛보다 빠른 속도를 생각할 수는 있지만, 절대온도 0도보다 낮은 온도가 그런 것처럼, 물리적 의미는 없다. 절대온도 0도는 모든 입자의 운동이 멈추는 온도로 섭씨 -273.15도에 해당한다. 그보다 낮은 온도는 물리계에 존재하지 않는다. 빛보다 빠른 속도 역시 그렇다.

이제 아인슈타인의 세계에 대해 내가 이해한 바를 이야기하겠다. 그 세계는 뉴턴의 세계와 근본적으로 다르다.[10] 고전역학은 단순하고 직관적이다. 공간은 공간이고 시간은 시간이며, 둘은 얽히지 않는다. 공간의 기하는 유클리드기하학을 따르고 시간은 모든 관측자에게 동일하다. 움직이는 물체의 질량과 크기는 불변이고 시간은 모든 곳에서 언제나 같은 속도로 흐른다.

아인슈타인의 세계는 속도와 스케일이 다르다. 뉴턴의 세계에서는 무관한 것들이 여기에서는 하나로 얽힌다. 움직이는 물체가 빛의 속도에 접근하면 크기가 줄어들고 시간은

---

10   뒤에서 설명하게 될 근일점 이동과 내비게이션 시스템의 원리를 포함해 아인슈타인의 물리학에 대한 이론적 설명과 활용 사례는 『세계를 바꾼 17가지 방정식』(이언 스튜어트 지음, 김지선 옮김, 사이언스북스, 2016) 347~386쪽을 참고해 서술하였다. 저자는 수학을 전공한 과학저술가답게 방정식을 중심에 두고 중요한 물리학 이론을 해설했다. 수학을 좋아하는 독자가 물리학을 공부하는 데는 최적인 책이다.

느려진다. 가속에 쓴 에너지가 질량으로 바뀌어 물체의 질량이 증가한다. 중력은 힘이 아니라 시공간을 휘게 만드는 방식으로 존재를 드러낸다. 빛은 직선으로 달리다가 별 가까이에서 휜다. 별이 물체를 끌어당겨서가 아니다. 중력이 시공간을 구부렸기 때문이다. 뉴턴의 중력법칙은 시공간의 곡률이 매우 작을 때는 잘 들어맞지만 곡률이 크면 어긋난다.

아인슈타인은 중력이 없는 상황에서 공간·시간·물질을 다루는 특수상대성이론을 먼저 세웠고 10여 년 후에 중력을 고려한 일반상대성이론을 정립했다. 고전역학으로는 상대성이론이 진리인지 여부를 알 수 없다. 빛은 천천히 움직이는 물체가 아니기 때문이다. 아인슈타인의 이론을 검증하려면 행성·별·블랙홀 같은 천문학적 스케일의 공간과 사건이 필요하다. 천문학자들은 관측 자료와 이론의 예측치를 비교하는 방법으로 상대성이론을 검증했다. 나는 과학자들이 그 작업에 사용한 예측 모델과 오차 계산 과정을 따라갈 능력이 없어서 검증 결과와 해석만 받아들였다.

결론은 분명하다. 상대성이론이 틀렸다면 우리의 일상이 지금처럼 질서정연하게 돌아갈 수 없다. 구체적 사례를 들으면 상대성이론을 이해하지 못해도 고개를 끄덕일 것이다. 우선 천문 관측과 관련한 일을 하나 살펴보자. 행성의 공전궤도는 타원이다. 행성의 공전궤도에서 태양과 가장 가까운 곳을 '근일점'近日點(perihelion)이라고 한다. 공전궤도의 장축 방향이 조금씩 바뀌기 때문에 근일점도 매우 느리게 태양

우리는 어디서 왔고 어디로 가는가

주위를 이동한다. 일반상대성이론을 이용해 계산한 수성의 근일점 이동 추정 값은 관측 값과 일치했다. 반면 고전역학으로 추정한 값은 100년에 약 43아크초arcsec 정도 오차가 났다.[11]

거대한 천체가 빠른 속도로 움직이는 세계에서는 매우 작은 측정 오차가 중대한 의미를 가진다. 예컨대 지구 자전 속도는 적도 기준 초속 465미터로 음속보다 빠르다. 공전속도는 초속 30킬로미터나 된다. 태양은 우리 은하의 수직축을 2억 5,000만 년에 한 바퀴 도는데 공전속도가 무려 초속 200킬로미터다.

항공기와 선박과 자동차 등 현대의 교통수단은 대부분 위성항법장치를 쓴다. 내가 운전하는 자동차의 내비게이션 시스템이 위성 24개를 연결한 위성항법장치가 보내는 신호를 이용해 현재 위치를 파악한다는 사실을 알고 무척 놀랐다. 고속도로에서 시속 110킬로미터로 주행할 때 내비게이션이 오차 범위가 몇 미터를 넘지 않을 정도로 현재 위치를 신속 정확하게 파악하려면 위성이 송출하는 신호를 25나노초(10억분의 25초) 안에 포착해야 한다.

위성의 이동과 지구의 중력장이 시간의 흐름을 다르게 하기 때문에 고전역학으로는 내비게이션 시스템을 운영할 수 없다. 특수상대성이론에 따르면 위성의 원자시계는 지상

---

11   아크초는 각도의 단위로, 1아크초는 1/3,600도이다.

의 시계보다 하루에 7마이크로초(100만분의 7초)씩 뒤처진다. 일반상대성이론에 따르면 그 원자시계는 지구 중력 때문에 하루 45마이크로초 빨라진다. 종합하면 위성의 원자시계는 지상의 시계보다 하루 38마이크로초 빨라진다. 위성항법장치가 감내할 수 있는 오차 25나노초의 무려 1,500배나 된다. 뉴턴 역학으로 위치를 계산하면 내 차가 시속 110킬로미터로 달릴 경우 하루에 10킬로미터씩 오차가 생긴다. 유럽이라면 며칠 안에 다른 나라에 갈 판이다. 이 사실을 알고 나니 저절로 말이 나왔다. '아인슈타인 선생님, 고맙습니다.'

　·나는 빛과 전자가 입자이고 파동이라는 것을 여전히 '이해'하지 못한다. 우리가 사는 거시세계에는 그런 것이 없다. 감각으로 인지하지 못하고 직관으로 파악하지 못하는 것은 언어로 표현할 수 없다. 언어로 사유하는 내가 그런 것을 어찌 '이해'하겠는가. 상대성이론도 '이해'하지 못했다. 우리는 빛의 속도를 보거나 구부러진 공간을 느낄 수 없다. 이론에 따른 예측과 실제 관측 결과가 일치하고, 그 이론이 틀렸다면 일어나야 할 혼란이 현실에서 일어나지 않으니 옳다고 믿는 것이다. 나는 머리를 쥐어짜서 고전역학을 일부 '이해'했다. 그러나 양자역학과 상대성이론은 아무리 머리를 쥐어짜도 '이해'할 수 없었기에 그냥 받아들인다. 그렇게 하니 마음이 편해졌다. 존재한다는 증거가 없는 초인간적·초자연적 인격신의 존재를 믿고 경배하는 행동양식이 호모 사피엔스 군집에서 진화한 이유를 어쩌면 알 듯도 하다.

생물의 몸은 세포의 집합이다. 세포는 분자로 이루어져 있다. 분자는 원자의 결합이다. 사람의 몸을 원자 단위로 분해하면 산소·탄소·수소·질소·칼슘·인이 질량의 99퍼센트를 차지한다. 나머지 1퍼센트는 칼륨·황·나트륨·염소·마그네슘·철 등이다. 혈액의 헤모글로빈을 만드는 철이 그런 것처럼 이 원소들은 양이 적어도 생명활동에는 매우 중요하다. 그렇다면 우리 몸의 원자들은 언제 어디에서 만들어졌을까? 문과 감성을 입히면 이런 질문이 된다. '우리는 어디에서 왔는가?' 물리학이 대답한다. '별에서 왔지.'

　이론만 보면 원자 제조법은 간단하다. 양성자와 중성자를 좁은 공간에 집어넣고 전자를 양성자 수만큼 오비탈에 뿌리면 된다. 양성자와 전자의 수가 같아야 한다는 것 말고는 달리 고려할 게 없다. 하지만 실제로는 전혀 간단하지 않다. 양성자와 중성자는 가까워지면 서로 강하게 당기거나 밀어내기 때문이다. 그것들을 핵에 욱여넣으려면 엄청나게 높은 온도에서 엄청나게 강한 압력을 가해야 한다. 지구에는 그런 일을 할 만큼 온도가 높은 곳이 없고 그 정도로 강한 압력을 만들 방법도 없다. 그러니 확실하게 말할 수 있다. 우리 몸을 이루는 원자는 지구 밖에서 왔다.

　우리가 어디에서 왔는지 살피다가 별의 생애를 알았다. 별도 태어나고 죽는다. 저마다 주어진 시간이 있다. 절정기에는 스스로 제어하지 못할 에너지를 내뿜는다. 짧고 장렬하게 최후를 맞기도 하지만 생애의 마지막이 길고 초라한 경우도 있다. 사람과 닮았다. 칼 세이건은 별이 무엇인지 알고 싶어서 천문학자가 되었다는데, 나는 별이 무엇인지 알고 나서도 나를 생각한다. '난 어떤 별이지? 초신성 폭발을 일으킬 만큼 질량이 크진 않은 것 같아. 적색거성이라도 되려면 태양 수준은 되어야 한다는데, 난 거기에도 미치지 못해. 아무리 봐도 별은 아닌 것 같아. 행성도 나쁘진 않지. 별만 아름다운 건 아니잖아. 그러면 나의 태양은 누구였나? 그게 분명치 않으니 행성도 못 되는군. 목성의 달이라는 이오쯤은 되려나? 그도 아니라면 토성 고리의 얼음조각? 어디에도 정착하지 못하고 떠도는 성간 먼지?' 밤하늘의 별은 예나 지금이나 내 마음에 과학적 탐구심이 아니라 밑도 끝도 없는 상념을 안겨준다.

　우리 모두가 '별에서 온 그대'라면, 별은 언제 왜 생겼고 우리는 어떻게 별을 떠나 지구에 왔을까? 우주론 책을 한 권이라도 읽은 사람이라면 답을 안다. 모든 책이 이야기하는 방식만 다를 뿐 똑같은 사실을 말한다. 그것을 내 방식으로 요약하겠다.[12] 모든 것은 한 점에서 출발했다. 138억 년쯤 전에 밀도와 온도가 매우 높은 한 점이 폭발하면서 우주가 탄생했다. '빅뱅'이다. 빅뱅이 일어난 시점을 어떻게 알아냈는가? 모든 천체가 서로 멀어지고 있다는 사실을 발견하고 그 속도를 역산했다. 증거가 있는가? 여러 증거가 있다. 가장 유력한 것은 우주 전역에 존재하는 주파수 약 160기가헤르츠의 전자기파다. 빅뱅 직후 매우 뜨거웠던 우주에서 나온 빛이 우주 전체로 퍼져 나갔다. 처음보다 파장이 1,000배 넘게 길어진 상태로 지구에 도달한 그 빛을 '우주배경복사'cosmic microwave background radiation라고 한다.

빅뱅 직후 양성자와 중성자를 비롯한 입자가 생겼다. 그입자들이 높은 온도와 압력을 받아서 주기율표 첫 주기의 수소와 헬륨이 되었다. 우주가 팽창하면서 온도가 떨어진 탓에 헬륨보다 무거운 원소는 합성하지 못했다. 빅뱅 때 만들어진 가스와 먼지가 중력으로 뭉쳐 별이 되었고, 별에서 원자번호 3번 다음의 원소들이 태어났다. 질량이 큰 별일수록 온도와 압력이 높았다. 태양보다 수십 배 무거운 별들은 수백만 년 동안 수소를 융합해 헬륨을 생산하다가 수소가 소진되어 온도가 내려가자 중심부를 향해 수축했다. 그로 인해 중심부 온도가 상승하자 헬륨 핵을 융합해 탄소를 제조했다. 헬륨이 소진된 뒤 중력으로 더 수축했고 더 높은 온도에서 더 무거운 원소의 핵을 융합했다. 나트륨·네온·마그네슘·황·실리콘이 차례로 생겼다. 마지막 생산물은 양성자 26개와 중성자 30개를 가진 원자번호 26번 철(Fe)이었다. 별은

12　빅뱅과 별의 폭발을 통해 원자가 만들어진 과정은 『일어날 일은 일어난다』(박권 지음, 동아시아, 2021) 62~66쪽과 『엔드 오브 타임』(브라이언 그린 지음, 박병철 옮김, 와이즈베리, 2021) 116~127쪽을 참고해 서술하였다.

남은 원자핵을 모두 태워 철을 합성하고 폭발해 '스타의 일생'을 마감했다.

별의 이름은 인간의 시선을 반영한다. 신성新星(nova)은 갑자기 밝아진 별이고 그중에도 유난히 밝아진 별이 초신성超新星(supernova)이다. 초신성은 하루 사이에 몇만 배 밝아지기도 한다. 육안으로 우주를 관측하던 시대에 그 별이 새로 나타났다고 생각해서 그런 이름을 붙였다. 그러나 그 별들은 장렬한 최후를 맞는 중이었다. 우리가 관측한 시점에는 이미 죽고 없었다. 우리는 호모 사피엔스가 아직 존재하지도 않았던 때 수백만 광년 떨어진 곳에서 폭발한 그 별들이 내뿜은 빛을 본 것이다. 성능 좋은 천체망원경으로 우주를 멀리 볼수록 우리는 더 오래된 과거를 만난다.

별의 시신은 조용히 사라지지 않는다. 철로 가득한 별의 시신은 자체 중력으로 계속 수축한다. 중심부의 밀도와 온도가 상승해 물질이 내부에서 부서져 튀어나온다. 그 반작용으로 중심부는 더욱 수축해 철보다 무거운 원소를 생성하고 폭발해 물질을 우주 공간에 흩뿌린다. 어떤 별의 시신은 내부가 중성자로 가득했다. 중성자별은 다른 중성자별과 충돌해 초신성이 폭발한 때보다 더 무거운 원소를 만들었다.

태양은 젊은 별이다. 빅뱅 이후 90억 년도 더 지나서 태어났다. 태양이 보내는 온기 덕에 지구는 생명의 행성이 되었다. 태양은 약 45억 년을 살았고 그보다 조금 긴 생애를 앞두고 있다. 빅뱅과 초신성 폭발, 중성자별 충돌 등으로 뿌려

우리는 어디서 왔고 어디로 가는가

진 물질이 우주 구름으로 회전하다가 중력으로 뭉쳐 수소 핵융합을 시작했다는 점에서 태양은 다른 별과 다르지 않다. 우주 구름이 뭉쳐 태양이 될 때 떨어져 나간 물질 가운데 수소·헬륨·메탄·암모니아처럼 가벼운 것은 멀리서 모여 가스형 행성인 목성·토성·천왕성·해왕성이 되었다. 철·니켈·알루미늄처럼 무거운 원소들은 태양 가까운 곳에서 바위형 행성인 수성·금성·지구·화성을 만들었다.

지구는 중력 수축으로 중심부가 뜨거워졌지만 핵융합을 할 만큼은 아니었다. 형성 초기에 큰 행성과 부딪친 충격으로 자전축이 공전 면에 대해 약 23.5도 기울어져 사계절이 생겼고 떨어져 나간 물질은 달이 되었다. 수억 년 동안 유성이 비처럼 쏟아져 물이 끓었다 식기를 되풀이했다. 유성우가 그쳐 바다가 어느 정도 안정 상태에 들어가자 최초의 생명이 출현했고, 이후 35억 년이 지나 호모 사피엔스가 나타났다.

우리는 떠나온 별로 돌아갈 수 없다. 우리 몸의 원자들을 만든 별은 죽고 없다. 태양이 생애를 마칠 때까지는 지구에 머물러야 한다. 다른 별처럼 태양도 죽는다.[13] 태양은 온도와 압력이 높은 중심부에서 매초 수소 4억 톤을 융합해 헬륨을 만든다. 핵융합의 결과 수소 핵 4개가 양성자 2개와 중성자 2개로 이루어진 헬륨 핵이 되는데 그 과정에서 질량의

---

[13] 태양의 최후는 『코스모스』(칼 세이건 지음, 홍승수 옮김, 사이언스북스, 2006) 447~455쪽을 참고해 서술하였다.

극히 일부가 에너지로 바뀐다. 중심부의 수소는 앞으로 50억 년 정도 지나면 바닥난다. 수소 핵융합이 멈추면 태양은 온도가 내려가면서 자체 중력으로 수축한다. 중심부의 온도와 밀도가 높아지면 헬륨을 융합해 탄소와 산소를 만든다. 그리고 표면에 남은 수소를 마저 융합하면서 적색거성赤色巨星(red giant star)으로 부풀어 오른다. 껍데기가 흩어지면서 수성과 금성을 삼키고 지구를 껴안는다. 그것이 지구의 종말이다. 중심부의 헬륨을 소진하고 나면 태양은 수축하다가 마지막 핵융합을 일으키며 폭발한다. 열기가 남아 있는 동안은 백색왜성白色矮星(white dwarf)으로 희미하게나마 존재를 알리지만 온기를 완전히 잃으면 흑색왜성黑色矮星(black dwarf)으로 우주를 떠돈다.

'태양 아래 영원한 것은 없다'는 말은 틀렸다. 태양도 영원하지 않다. 나는 멜라니 사프카의 노래 〈제일 슬픈 일〉 The Saddest Thing과 캔자스의 〈바람에 날리는 먼지〉Dust in the Wind를 좋아한다. "세상에서 제일 슬픈 일은 사랑하는 사람에게 작별을 고하는 것"The saddest thing under the sun above is to say good-bye to the ones you love이라는 사프카 노래의 도입부와 "모든 것은 바람에 날리는 먼지"Everything is dust in the wind라는 캔자스 노래 후렴구 가사는 들을 때마다 마음에 와닿는다. 태양의 최후를 알려주는 책을 읽으면서 그 노래를 들었다. 사프카와 캔자스는 태양과 지구만큼은 영원하리라 여겼지만 우주는 그마저도 허락하지 않는다. 누가 있어 부풀어 오르는 태양에 빨려

들어가는 지구에게 작별 인사를 할 것인가? 다른 은하의 어느 행성에서 우리가 알지 못하는 지적 생명체가 우리 은하의 나선 팔 후미진 곳에서 갑자기 밝아진 별 하나를 관측하는 장면을 상상해 보았다. 하지만 막연하고 아련한 슬픔이 덜어지는 것 같지는 않았다. 우리는 우주의 먼지로 돌아갈 것이다.

양자역학, 불교, 유물변증법

사람의 기도에 응답하고 선을 포상하며 악을 징벌하는 '인격신'의 존재를 나는 믿지 않는다. 앞으로는 어떨지 모르겠으나 지금까지는 기독교 성서나 성직자의 설교에 마음이 끌린 적이 없다. 구약은 유대민족의 고대사로, 신약은 예수의 전기로 여기며 읽었다. 이슬람도 역사와 교리는 기독교와 비슷하다고 본다.

불교는 인격신을 섬기지 않는다는 점에서 기독교나 이슬람과 다르다. 우주의 모든 것에 신성이 깃들어 있다고 보는 범신론汎神論, 자연법칙을 신의 자리에 올려두는 이신론理神論에 가깝다. 석가모니는 종교를 창시하지 않았다. '스스로 깨달은 사람'이었을 뿐이다. 그는 존재의 이유와 삶의 의미를 탐색한 끝에 인간 이성과 자연법칙 말고는 모든 것이 헛되다는 결론에 도달한 철학자였다. 깨닫지 못한 사람들이 그

234

를 내세워 종교를 만들었다. 범신론과 이신론에 가까운 종교는 다른 종교나 과학과 충돌을 일으키지 않는다. 그래서인지 어떤 이들은 불교철학이 양자역학과 통한다고 한다. 근거가 없지는 않다. 둘은 분명 닮은 데가 있다. 공부를 많이 한 물리학자가 말하면 더 그런 것 같다.

세상의 많은 종교와 윤리 도덕 강령 중에서 과학적 진리와 충돌하지 않고 조화를 이루는 것이 불교의 연기법緣起法이다. 연기법은 붓다가 깨달은 보편적 진리로 그 자체가 과학이다. 시공간의 모양과 물질의 분포는 어느 쪽이 먼저 결정되고 그에 따라 다른 쪽이 결정되는 것이 아니라 함께 서로를 결정한다. 둘은 상호의존 관계다. 이것을 불교적으로 해석한 것이 바로 연기법이다. 어떤 사물도 다른 것과의 관계를 떠나 독립해서 존재할 수는 없으며 모든 것은 다른 것과의 관계를 통해서만 의미를 가진다.[14]

---

14 『아인슈타인의 우주적 종교와 불교: 양자역학이 묻고 불교가 답하다』(김성구 지음, 불광출판사, 2018) 9쪽과 379쪽에서 발췌 요약한 문장이다. 저자는 서울대학교와 미국 워싱턴대학교에서 공부한 이론물리학자로 이화여자대학교에서 정년퇴직한 후 불교에 귀의했다. 양자역학과 불교의 관련성을 다룬 또 다른 책으로 『불교와 양자역학』(빅 맨스필드 지음, 이중표 옮김, 불광출판사, 2021)이 있다. 미국 코넬대학교에서 천체물리학으로 박사학위를 받고 35년 동안 물리학을 가르쳤던 맨스필드 교수는 달라이 라마의 영향을 받아 과학지식을 윤리와 연결하는 데 관심을 쏟았다. 달라이 라마의 철학은 중국을 거쳐 우리에게 들어온 불교철학과 다른 면이 있긴 하지만,

신심 깊은 불교도는 이런 말을 듣고 기뻐한다. '불교는 역시 대단해!' 하지만 과학적이라고 해서 불교가 더 매력 있다고 할 수 있을지는 모르겠다. 양자역학과 불교를 연관 짓는 책에서 나는 불교의 매력이 아니라 과학의 위력을 본다. 종교가 아니라 과학이 위대하다고 느낀다. 과학은 어떤 경우에도 종교에 의존하지 않는다. 그러나 종교는 필요에 따라 과학을 배척하기도 하고 의지하기도 한다. 무엇도 배척하지 않고 무엇에도 의지하지 않아야 훌륭한 것 아니겠는가.

불교철학과 양자역학의 논리적·역사적 연관성을 확인할 수 없으니 둘이 닮은 것을 우연이라 하는 게 맞을 것이다. 어떤 점이 닮았는지 생각하다 보면 깨달음을 얻는 것 같기도 하다. 예컨대 불교의 가장 중요한 경전이라는 「반야심경」의 '색즉시공 공즉시색'色卽是空 空卽是色이라는 문장이 그렇다. 「반야심경」은 당나라 승려 현장이 산스크리트어 경전을 중국 글자 270자로 압축한 텍스트다. 한글 번역본은 한문을 소리 나는 대로 옮긴 것부터 철학적 해석을 넣어 가독성을 높인 것까지 가지각색이다. 산스크리트어 원문과 대조해 의미를 더 분명하게 드러낸 번역본이 나올 정도로 「반야심경」에 대한 대중의 관심은 넓고 깊다. 해설서도 헤아리기 어려울 정도로 많다. 국회 전자도서관에 접속해 '반야심경'을 검색

양자역학과 불교철학의 유사성을 강조한다는 점은 김성구 교수의 책과 비슷하다.

하면 법륜 스님의 『반야심경 강의』와 도올 선생의 『스무 살, 반야심경에 미치다』를 비롯해 수백 종이 뜬다.

기독교 성서는 히브리어에서 출발해 라틴어와 영어를 거쳐 한국어판까지 왔다. 중간에 중국어판이나 일본어판이 낀 경우도 있었다. 내가 알기로는 예수의 언행을 기록한 '4대 복음서'의 기록자들 가운데 살아 있는 예수를 만난 사람은 없다. 신약은 예수의 제자의 제자의 제자들이, 자기네 신앙공동체에서 전해오던 이야기를 적은 것이다. 히브리어 원전을 바로 번역한 우리말 성서는 1980년대에 처음 나왔다. 조선 시대와 일제강점기에 제작한 한국어 성서는 국한문 혼용에 가까운 문장을 썼고 명백한 오역이 적지 않았다. 불교 경전도 석가모니가 쓴 게 아니다. 그가 세상을 떠난 후 추종자들이 만든 텍스트가 쌓여 불교 경전이 되었다. 「반야심경」은 중국어를 거쳐 우리말 경전으로 왔다. 기독교든 불교든, 우리말로 옮겨 놓은 경전의 내용을 글자 하나 틀리지 않은 진리라고 주장하는 건 어리석은 일이다. 인간의 언어는 절대 진리를 담지 못한다.

석가모니는 소크라테스와 비슷한 시기에 살았다. 부족공동체에서 고대국가로 이행하고 있던 인도 북부의 샤키아 지방 부족장의 아들이었던 것으로 추정한다. 석가모니와 부처는 산스크리트어 샤키아모니(샤키아의 성자)와 붓다(깨달은 사람)를 소리 나는 대로 적은 중국 글자 말을 우리 식으로 읽어 한글로 적은 것이다. 석가모니는 여든 살쯤에 추종자가 제공한 음식을 먹고 식중독으로 사망한 듯하다. '자등명 법등명'自燈明 法燈明, 그가 죽기 전에 남겼다는 말을 나는 좋아한다. 자기 자신을 등불로 삼는 것은 스스로 자신의 삶에 의미를 부여한다는 뜻이다. 법(진리)을 등불로 삼는 것은 관습과 미신이 아니라 이성의 힘으로 산다는 뜻이다. 세상에 끌려다니지 말고 이성적으로 생각하면서 자신이 원하는 삶을 옳다고 믿는 방식으로 살라 했으니 석가모니는 분명 깨달은 사람이었다. 나는 그가 무신론자이고 유물론자였을 것이라고 생각한다.

'색즉시공 공즉시색'色卽是空 空卽是色은 석가모니의 세계관을 보여주는 문장이라고들 한다. 기계적으로 옮기면 간단하다. '색과 공은 같다.' 문제는 '색'과 '공'이 무엇이냐는 것인데, 불교 철학자들은 '현상과 실체', '존재와 변화', '물질과 마음', '존재와 무無', '물질과 에너지' 등 갖가지 해석을 제시한다. '색즉시공 공즉시색'이 정확하게 어떤 뜻인지는 아무도 모른다. 진리를 담고 있다는 증거도 없다. 저마다 다르게 해석하는 게 당연하다. 이 문장을 양자역학과 연결하려면 '색'과 '공'을 '존재'와 '무'로 해석하는 게 자연스럽다.

우리가 감각으로 인지하는 세계는 물질로 꽉 차 있다. 눈에는 아무것도 보이지 않아서 비어 있는 것 같지만 지구 행성의 모든 공간은 공기로 가득하다. 달과 지구, 지구와 태양, 태양과 다른 별, 은하와 은하 사이에도 물질이 존재하지 않는 공간은 없다는 걸 우리는 안다. 그렇지만 그 역逆도 성립한다. '겉보기는 꽉 찼으나 실제로는 텅 비어 있다.' 원자가 어떻게 생겼는지 알면 이 말을 수긍하게 된다. 석가모니가 그런 뜻으로 말했다는 게 아니다. 그가 원자의 구조를 알았을 리 없다. 우연일 뿐이다. 그래도 흥미롭긴 하다.

가장 단순한 수소를 또 불러온다. 수소 원자는 텅 비었다고 할 수 있다. 가상적인 사고실험을 해 보자. 원자핵을 농구공 크기로 확대하고 전자도 같은 비율로 키운다. 그래도 전자는 여전히 잘 보이지 않을 정도로 작은 점이며 농구공에서 10킬로미터 정도 떨어져 있다.[15] 서울로 치면 세종문화회관 자리에 농구공이 하나 있고 영등포역 근처에 깨알보다 작은 점 하나가 있는 그림이다. 농구공과 점 말고는 아무것도 없다. 수소 원자는 이렇게 생겼다. 믿어지는가? 세종로에서 영등포까지, 반대 방향으로는 세종로에서 성북동까지, 농구공과 깨알 사이는 텅 비어 있다. 하지만 어떤 물질도 들어오지 못한다. 그러니 꽉 차 있다고도 할 수 있다.

수소 원자만 그런 게 아니다. 수소 원자 2개와 전자를 공유해 물 분자를 만드는 산소 원자도 마찬가지다. 차이가 있다면 세종문화회관 자리에 농구공이 있고, 영등포나 성북동쯤에 깨알이 2개 있으며, 더 멀리 관악산과 도봉산과 일

---

15 원자핵을 농구공 크기로 키우는 사고실험 이야기는 『김상욱의 양자공부』(김상욱 지음, 사이언스북스, 2017) 29쪽에서 가져왔다. 김상욱 교수만큼 인간의 언어를 자연스럽게 구사하는 물리학자는 흔하지 않다.

우리는 어디서 왔고 어디로 가는가

산 신도시쯤에 깨알 6개가 더 있다는 것뿐이다. 산소 원자도 텅 비어 있다. 산소 원자 하나와 수소 원자 2개가 전자 두 쌍을 공유해 결합한 물 분자도 다를 바 없다. 그렇게 보면 한강물, 남산타워, 지하철 객차, 여의도와 강남의 고층빌딩도 모두 비어 있다. 세상은 원자로 꽉 차 있고, 원자는 모두 텅 비어 있다. 존재와 무를 어찌 구분할 것인가. '색즉시공 공즉시색'을 양자역학과 엮으면 이렇게 해석할 수 있다.

지구는 태양에서 약 1억 5,000만 킬로미터 정도 떨어져 있다. 태양을 출발한 빛이 '빛의 속도로' 달려도 지구까지 약 8분 걸린다. 둘 사이에는 수성과 금성뿐, 공간은 대부분 비어 있다. 태양계의 마지막 외행성에 이르는 공간도 마찬가지다. 화성, 목성, 토성, 천왕성, 해왕성 등이 띄엄띄엄 있을 뿐이다. 태양계가 유난히 한적한 곳이라서 그런 건 아니다. 다른 곳보다는 뭐가 많은 편이다. 태양에서 가장 가까운 별 '알파 센타우리'까지 거리는 약 4.25광년이다. 빛의 속도로 4년 3개월 걸린다는 말이다. 1977년 지구를 떠난 우주탐사선 보이저 1호가 7만 년을 달려야 하는 거리다. 우리 은하는 별이 촘촘한데도 그렇다. 우주여행은 사실 볼거리가 없다. 가도 가도 어둠뿐이다. 지구의 천문대에서 보든 우주선에서 보든 다를 게 없다. 수십 년, 수백 년, 수천 년, 수백만 년, 수억 년 전에 별을 떠난 빛을 볼 수 있을 뿐이다. 우주 전체가 텅 비었다고 해도 지나친 말은 아니다.[16]

원자는 왜 안정되어 있을까? 원자핵과 전자 사이의 빈

곳을 그 무엇도 침범하지 못하는 이유는 무엇인가? 물질은 왜 뒤섞이지 않는가? 힘 때문이다. 세 가지 힘이 텅 빈 원자를 꽉 찬 물질로 보이게 한다. 우주에는 네 가지 근본적인 힘이 있다. 중력, 강력, 약력, 전자기력이다.[17] 중력은 우주를 뭉치게 한다. 중력이 있어서 지구는 태양 주변을 돌고 태양은 우리 은하에 묶여 있으며 우주는 은하계로 이루어진 거대한 구조를 유지한다. 그러나 원자 규모의 미시세계에서 중력은 아무 힘을 쓰지 못한다.

원자의 구조를 결정하고 원자를 결합해 물질을 형성하는 힘은 핵력과 전자기력이다. 핵력은 강력强力과 약력弱力 두 가지가 있다. 강력은 양성자와 중성자를 뭉쳐 원자핵을 만든다. 양성자와 중성자는 근본입자가 아니며, 둘이 주고받는 '파이 중간자'도 마찬가지다. 그 입자를 만드는 쿼크가 글루온이라는 입자를 교환하면서 강력을 만든다. 약력은 '원자핵의 베타 붕괴'에 관여한다. 베타 붕괴는 원자핵의 중성자와 양성자가 전자나 양전자를 방출하고 양성자와 중성자로 바뀌는 현상이다. 약력은 정말 약하지만 미시세계인 원자핵 안에서는 중력보다 세다. 전자기력이 원자들을 조합해 다양

---

16   우주가 얼마나 텅 비었고 지구가 얼마나 외로운 행성인지는 『내가 누구인지 뉴턴에게 물었다』(김범준 지음, 21세기북스, 2021) 183~187쪽을 참고해 서술하였다.

17   물질의 네 가지 힘에 대해서는 『일어날 일은 일어난다』(박권 지음, 동아시아, 2021) 152~160쪽을 요약 서술하였다.

한 물질을 만드는 현상은 4장에서 이야기했다.

　과학자들은 물질을 더 작은 것으로 끝없이 나누는 환원주의 연구 방법을 통해 미시세계를 파악했고 우주의 탄생 시점을 알아냈으며 우주의 종말을 예견하기에 이르렀다. 연구는 아직 끝나지 않았으며 어디까지 가서 무엇을 더 밝혀낼지는 아무도 모른다. 석가모니는 관찰과 사유를 통해 존재와 부재 사이에 경계가 없다는 생각에 도달했을 것이다. 양자역학은 석가모니가 얻은 결론이 물질세계의 근본원리와 조화를 이룬다는 사실을 보여준다. 그게 전부다. 그렇다고 해서 불교가 더 대단한 종교가 되고 불교철학이 더 훌륭한 철학이 되는 건 아니다. 종교와 과학은 완전히 다른 차원의 일이다.

　과학의 위력은 인문학에서도 확인할 수 있다. 사회를 변혁하려고 했던 혁명가들도 과학에 기대어 자신의 이론을 돋보이게 했다. 특히 마르크스 추종자들은 초기 사회주의 사상을 가리켜 '공상적 사회주의'라 하고 자기네 것은 '과학적 사회주의'라고 했다. 다시 말하지만 인문학에는 그럴법한 이야기와 말이 되지 않는 이야기가 있을 뿐이다. 진리와 진리 아닌 것을 나눌 기준이 없다. 그런데도 사회주의자들은 자기네 사상을 과학처럼 보이게 하려고 헛되이 노력했다.

　청년 시절 나는 유물변증법을 열심히 공부했다. 공산당 중앙위원회 산하 과학아카데미가 만든 소련 국정 교과서 일본어판을 중역한 책을 읽었는데, 국가보안법 때문에 출판사가 서지정보를 제공하지 않아 그런 줄 몰랐다. 충실한 기독교인이 성경 공부 하듯 읽었던 그 책에는 이런 명제들이 있었다. '물질이 관념에 우선한다.' '세계의 본질은 운동이다.' '사물은 대립물의 통일이다.' '변화의 동력은 대립물의 투쟁이다.' '양적 축적은 질적 변화를 일으킨다.' 마르크스주의는 고전역학 시대의 사상이지만 나는 양자역학을 전혀 몰랐기 때문에 아무 문제가 없었다. 마르크스주의는 '과학적'이라는 수식어를 붙일 만한 철학이라고 믿었다. 그때 나는 '거만한 바보'가 되는 중이었다.

핵심 내용을 기억한다. '모든 사물이 대립물의 통일인 것처럼 사회는 대립하는 계급의 통일이다. 사회 변화의 동력은 대립하는 계급 사이의 투쟁이다. 수온이 섭씨 100도에 이르면 액체가 기체로 변하는 것처럼 사회주의 혁명 투쟁이 양적 축적을 계속하면 사회가 질적 변화를 일으키는 때가 반드시 온다. 자본주의 사회가 공산주의 사회로 이행하는 것은 역사의 필연이다.' 진지하게 믿지는 않았다. 하지만 유물변증법에 토대를 둔 마르크스의 역사이론은 과학과 비슷해서 비판할 엄두를 내기 어려웠다.

양자역학에 비추어 보면 유물변증법은 더 과학적으로 보인다.[18] 양성자와 전자는 양전하와 음전하를 띤 대립물이

---

18   사회주의 체제가 몰락한 후 마르크스주의 역사이론은 역사의 뒤안
      길로 밀려났고 유물변증법도 대중의 관심에서 멀어졌다. 1980년대
      에 읽었던 관련 도서에 대한 기억을 되살리고 싶은 중년 독자가 혹
      시 있다면 『자연과학으로 보는 마르크스주의 변증법』(R. S. 바가반 지

며, 원자는 그 대립물의 통일이다. 빛이 입자이면서 파동이라는 것도 그렇게 볼 수 있다. 모든 입자가 끊임없이 운동하고 있다는 것도 사실이고, 대립물의 투쟁이 물질의 변화를 야기한다는 것도 옳다. 그러나 이 모두는 과학의 사실일 뿐이다. 자연의 사실에 부합하는 원리를 가진 철학이라고 해서 진리인 건 아니다. 자신들이 만든 청사진대로 사회를 개조하려고 행사하는 폭력을 그 철학으로 정당화할 수 있는 건 더욱 아니다.

인문학은 우리 자신을 이해하려는 노력의 산물임을 다시 확인한다. 인문학의 과제는 객관적 진리를 찾는 것이 아니라 인간과 사회를 이해하는 데 도움이 될 만큼 '그럴법한 이야기'를 만드는 일이다. '그럴법한 이야기'라는 말에 거부감을 느끼는 분이 있을지도 모르니 인문학의 전통적인 언어

음, 천경록 옮김, 책갈피, 2010)을 읽으면 좋을 듯하다. 한국어판을 감수한 서울대 물리천문학부 최무영 교수는 추천사에서 스리랑카 변호사였던 저자가 자연과학에 대한 정확하고 폭넓은 이해를 바탕으로 과학자도 공감할 수 있는 방식으로 마르크스주의 철학을 해설했다고 평가하면서 인문학과 자연과학이라는 두 문화의 연결에 기여하기 바란다고 했다. 20세기 후반 스리랑카의 사회주의 계열 정당의 당원으로서 노동운동에 참여했던 저자는 양자역학과 상대성 원리 등 마르크스의 시대에는 없었던 물리학과 핵무기를 비롯한 과학적 발명을 반영해 변증법적 유물론을 해설했으나 정통 마르크스-레닌주의 관점을 견지했다. 나는 이 책을 읽으면서 안타까움을 느꼈다. 저자가 자신의 남다른 지적 재능을 19세기 철학에 가두었다는 느낌이 들었다.

로 바꾸어 보자. 인문학의 임무는 인간과 사회를 이해하고 설명하는 데 유용한 '담론'談論을 생산하는 것이다. 같은 뜻이지만 이렇게 말하니 품격이 높아졌다는 느낌이 든다. 그렇지만 나는, 품격 있는 문장보다 뜻을 쉽고 명료하게 전하는 문장이 좋다. 취향이 그런 것을 어찌하겠는가.

엔트로피 묵시록

철학자 러셀Bertrand Russell(1872~1970)은 쓸쓸한 어조로 우주의 종말을 이야기한 적이 있다. '지구는 영원히 거주할 수 있는 곳이 아니며 인류는 사라질 것이다. 우주는 서서히 침몰해 마침내는 관심을 끌 그 무엇도 존재하지 않게 된다. 신이 우주 기계의 태엽을 다시 감을 거라는 주장은 털끝만큼의 가능성도 없다. 과학의 증거로 말한다면, 우주는 비참한 몰락을 향해 가는 중이다. 이것이 존재의 목적을 증명하는 것이라면 내가 신을 믿어야 할 이유는 없다.'[19]

---

19 영국 귀족의 후예인 버트런드 러셀을 단순히 철학자라고 할 수는 없다. 러셀은 수학자·논리학자·사회비평가·평화운동가였고 노벨문학상을 받은 작가였다. 제1차 세계대전 직후 소련을 방문해 레닌과 토론한 후 제정 러시아보다 더한 전제정치라고 소련 체제를 비판했으며 레닌이 독선적인 교수 같았다고 평가했다. 확고한 평화주의자였지만 히틀러의 유럽 지배를 저지하기 위한 전쟁을 필요악이라고 옹호했다. 제2차 세계대전이 끝난 뒤에는 아인슈타인을 비롯한 세계

우리는 어디서 왔고 어디로 가는가

러셀이 말한 '과학의 증거'는 열역학 제2법칙 또는 엔트로피 법칙이다. 열역학 제1법칙은 다들 알 것이다. 어떤 물리적 과정이 일어나도 물리계의 에너지 총량은 달라지지 않는다는 것이다. 여기서 에너지는 운동에너지·위치에너지·복사에너지·열에너지 등 모든 형태를 아우르며, 절대 틀리는 일이 없기 때문에 '에너지 보존 법칙'이라고 한다.[20] 열역학 제2법칙은 제1법칙처럼 딱 떨어지는 형태가 아니지만 우리 우주에서 최후까지 살아남을 법칙이다. 모든 물리적 과정에서 엔트로피는 증가하지만 아주 드물게 감소하는 경우가 있어서 '엔트로피 증가 법칙'이 아니라 '엔트로피 법칙'이라고 한다.

엔트로피는 여러 일상 언어로 번역할 수 있는데, 나는 '무질서도'가 제일 이해하기 쉬웠다. 엔트로피 법칙에 따르면 우주는 점점 더 무질서해져 언젠가는 어떤 질서도 남아

의 저명한 과학자들과 함께 미소 핵무장 경쟁을 비판하고 핵무기 폐기를 목표로 한 국제 지식인 운동을 조직했다. 러셀이 1948년 영국 BBC 방송에서 예수회 신부 코플스턴과 대담하면서 엔트로피 법칙을 근거로 신의 존재 의미를 부정했다는 이야기가 널리 퍼져 있지만 대담 기록에서는 확인할 수 없었다. 여기 인용한 문장은 러셀이 1930년에 소책자로 발간한 에세이 「종교는 문명에 공헌하였는가」에서 가져왔다. 버트런드 러셀 지음, 송은경 옮김, 『나는 왜 기독교인이 아닌가』, 사회평론, 2005, 54쪽.

20 아인슈타인의 방정식($E=mc^2$)에 따르면 에너지와 질량은 서로 넘나들 수 있다. 물리학자들은 질량까지 에너지에 포함하여 에너지 보존 법칙은 항상 성립한다고 말한다.

있지 않게 된다. 신이 그것을 최종 목표로 삼았다면 굳이 우주를 창조할 필요는 없었다. 그토록 의미 없는 창조행위를 하는 신을 무엇 때문에 믿는다는 말인가. 러셀의 말은 그렇게 해석할 수 있다. 엔트로피에 대한 여러 정의 중에서 '서로 구별되지 않는 멤버의 수'를 선택했다.[21] 문과 감성에 그나마 와닿는 것 같아서다.

100원짜리 동전 100개에 1부터 100까지 번호를 매겼다고 하자. 동전 앞면은 이순신 장군, 뒷면은 숫자 100이 새겨져 있다. 동전을 상자에 담아 아무렇게나 흔든 다음 바닥에 쏟았는데 장군님만 100명이 보이는 경우가 있을까? 그렇다. 한 사람이 평생 동안 아무 일도 하지 않고 동전 쏟기만 반복해도 실제로 보기는 어렵겠지만 이론으로는 가능하다. 확률이 얼마나 낮은지 경우의 수를 세어보자. 100개 모두 앞면이 나오는 경우의 수는 하나뿐이다. 99개가 앞면이 나오는 경우의 수는? 1번부터 100번까지 동전 하나씩만 뒷면이어야 하니까 100이다. 전부 앞면일 확률보다 100배 높다. 뒷면이 2개인 경우의 수는 4,950, 3개는 161,700, 4개는 약 400만, 5개는 약 7,500만이다. 앞면과 뒷면이 각각 50개씩 나오는 경우의 수는 약 1,000억×10억×10억, 마지막 단위까지 정확하게 적으면 100,891,344,545,564,193,334,812,497,256으로

21   엔트로피의 개념은 『엔드 오브 타임』(브라이언 그린 지음, 박병철 옮김, 와이즈베리, 2021) 48~74쪽을 참고해 서술하였다.

최대가 된다. 앞면이 49개인 경우부터 하나도 없는 경우까지 경우의 수는 앞면의 수가 늘어난 과정을 거꾸로 밟으면서 줄어든다. 100개 모두 앞면이 나올 확률을 구하려면 1을 분자로 하고 분모에 모든 경우의 수를 더한 값을 놓으면 된다. 1+100+4,950+161,700+ ···· +100,891,344,545,564,193, 334,812,497,256+ ···· +161,700+4,950+100+1의 값을 분모로 하면 확률은 0이나 마찬가지일 정도로 낮다.

엔트로피를 이야기할 때는 1번부터 100번까지 동전 가운데 몇 번 동전이 앞면이고 뒷면인지 따질 필요가 없다. 3개만 뒷면인 경우 뒷면이 나온 동전이 23·46·92번이든 17·52·81번이든 상관이 없다. 의미 있는 것은 '서로 구별되지 않는 멤버의 수'뿐이다. 100개 모두 앞면인 그룹의 멤버 수는 하나뿐이다. 100개 모두 뒷면인 그룹도 그렇다. 이 그룹은 엔트로피가 가장 낮다. 달리 표현하면 질서가 완벽하다. 무질서가 전혀 없다. 무질서도를 높이지 않고는 배열을 바꿀 방법이 전혀 없다. 99개가 앞면이고 1개만 뒷면인 그룹은 무질서도를 유지한 채 바꿀 수 있는 배열의 수가 100이다. 뒷면인 동전의 수가 늘어나면 무질서도를 유지한 채 바꿀 수 있는 배열의 수도 늘어난다. 멤버 수가 약 1,000억×10억×10억인 앞뒷면 각각 50개 그룹에서 무질서도를 유지한 채 바꿀 수 있는 배열의 수는 최고점에 이른다. 이 그룹이 엔트로피가 가장 높다. 누가 개입해서 그렇게 하지 않으면 동전 100개 모두 앞면이거나 뒷면인 고도의 질서는 만들어지기 어렵다. 그러나 앞면과 뒷면이 각각 50개씩인 그룹은 아무렇게나 동전을 쏟아도 쉽게 만들어진다. 아무도 개입하지 않으면 무질서도가 높아진다는 뜻이다.

우리가 일상에서 만나는 대상은 대체로 저低엔트로피 상태다. 내가 글을 쓰는 작업실의 베란다 출입문 유리는 흠집 하나 없이 말끔하다. 베란다 바닥에는 겨울이라 가동되지 않는 에어컨 실외기가 조용히 놓여 있다. 시선을 들면 주택의 지붕들과 아파트들 너머로 지상 123층 롯데월드타워가 보인다. 큰길에는 사람이 파란 신호등을 보며 횡단보도를 건너고 자동차는 질서정연하게 네거리를 통과한다. 작업실 책장 앞에 놓은 가습기는 일정한 속도로 수증기를 내뿜고 천장의 LED등은 종일 같은 빛을 뿌린다. 바깥 기온은 낮아도 보일러 온수가 도는 바닥은 따뜻하다. 모든 것이 질서정연하다. 무질서도가 매우 낮다. 늘 보던 것과 같아서 무엇도 특별히 눈길을 끌지 않는다.

도시의 질서는 누군가 의도를 가지고 에너지를 투입해서 만들었다. 모든 것이 질서정연하기 때문에 무질서한, 고高엔트로피 상태인 것은 사람의 눈길을 끌어당긴다. 건물의 유리창이 깨져 있거나, 도로에 종이상자가 굴러다니거나, 네거리에 자동차가 뒤엉켜 있거나, 전신주가 기울어져 있으면 금방 알아차리고 누구한테 책임을 물어야 할지 생각한다. 높은 수준의 질서는 저절로 생기지 않는다는 것을, 도시의 질서는 책임을 맡은 누군가가 강력한 의지로 개입해야 유지할

우리는 어디서 왔고 어디로 가는가

수 있다는 것을 알기 때문이다.

어디 도시만 그런가. 높은 수준의 질서를 이룬 것은 그 무엇도 저절로 또는 우연히 생길 수 없다. 입자들이 우연히 뭉쳐 거미줄을 만들지는 않는다. 흙이 우연히 달라붙어 컵이 되는 일도 없다. 원숭이가 아무리 컴퓨터 키보드 위를 뛰어 다녀도 베스트셀러 소설이 나오지는 않는다. 큰 자루에 부품을 넣고 흔드는 방식으로는 자동차를 조립하지 못한다. 종이에 아무렇게나 먹물을 뿌려서 난초 그림을 그릴 수는 없다. 거미줄·컵·소설·자동차·난초 그림은 특별한 형태의 생명활동이 개입해 자연의 입자를 특별하게 배열했기 때문에 생겼다. 저엔트로피 상태인 모든 것은 강력한 힘이 개입했다는 사실을 알려준다.

당연한 이야기 아닌가. 그런 것을 가리켜 법칙이라고까지 할 필요가 있는가. 그걸 안다고 뭐가 달라진단 말인가? 엔트로피 법칙을 안다고 해서 크게 좋을 건 없다. 하지만 모르는 것보다는 분명 낫다. 특정한 종류의 오류와 불행을 피할 수 있기 때문이다. 엔트로피 법칙은 내게 '세상에는 아무리 노력해도 안 되는 일이 있다'고 가르쳐 주었다. '거부할 수 없는 것은 순순히 받아들이라'고 조언했다. 그 충고를 받아들이면 열정을 헛되이 소모하는 어리석음을 피할 수 있다.[22]

---

22   엔트로피 법칙의 일상 적용은 『원더풀 사이언스』(나탈리 앤지어 지음, 김소정 옮김, 지호, 2010) 197~205쪽을 참고해 서술하였다.

레오나르도 다빈치는 확실히 천재였다. 열역학 법칙을 몰랐던 시대에 영구기관을 망상이라고 비판했다. 영구기관은 외부에서 한 번만 동력을 공급하면 스스로 영원히 작동하는 기관이다. 고대부터 지금까지 수많은 사람이 인류를 구원하겠다는 포부나 떼돈을 벌겠다는 욕망을 품고 도전했지만 아무도 성공하지 못했다. 열역학 법칙은 앞으로도 그럴 것이라고 말한다. 열역학 제1법칙에 따르면 어떤 기관도 외부에서 공급한 에너지보다 더 많은 일을 할 수 없다. 열역학 제2법칙에 따르면 열효율 100퍼센트인 열기관은 만들 수 없다. 모든 열기관은 일을 하는 과정에서 무질서도가 낮은 형태의 고품질 에너지를 무질서도가 높은 형태의 저품질 에너지로 바꾸기 때문이다. 그래서 모든 열기관은 주기적으로 에너지를 공급해 주어야 일을 한다.

열역학 법칙을 알면 재산을 지키는 데 도움이 된다. 수많은 사기꾼이 영구기관 프로젝트로 투자를 유치해 돈을 가로챘다. 영원히 혼자 작동하는 바퀴부터 물로 달리는 자동차를 거쳐 연료를 공급하지 않아도 전기를 생산하는 물 분해 장치까지, 영구기관 아이템은 다양했다. 제대로 일하는 특허심사기구는 영구기관 관련 특허 신청은 아예 심사를 하지 않는다. 한국 경제를 번영으로 이끌고 지구의 환경위기를 해결하겠다는 야심찬 포부를 밝히면서 설계도를 첨부한 전자우편을 보내는 이들이 있다. 정치를 하던 때도 받았고 글을 쓰고 비평을 하는 지금도 가끔 받는다. 투입 에너지보다 많

우리는 어디서 왔고 어디로 가는가

은 전기를 생산하는 물 분해 장치도 있었고, 추가 동력을 공급하지 않아도 되는 소형 수력발전기도 있었다. 예전에는 아는 전문가한테 말이 되는지 물어보았지만 요즘은 그러지 않는다. 나도 엔트로피 법칙을 아니까.

뜨거운 커피는 마시는 동안 미지근해진다. 아무리 정리해도 집은 어질러진다. 화를 낼 필요가 없고 화내봤자 소용도 없다. '엔트로피 법칙 때문이다!' 노화와 죽음을 면해 보겠다고 발버둥치는 사람들을 보면 안타깝고 딱하다. 보양식 섭취부터 혈액 교체와 세포 치료를 거쳐 유전자 조작과 장기 이식까지 돈이 있으면 무엇이든 한다. 이번 생에서 안 된다는 것을 받아들여도 완전히 포기하지는 않는다. 다음 생을 위해 선행을 베풀고, 천국에서 영생하게 해달라고 기도한다. 내세의 행복을 위해 현세의 죽음을 기꺼이 받아들이는 경우도 있다.

3장에서 도킨스의 이기적 유전자 이론이 자존감을 높여 주었다고 말했다. 엔트로피 법칙에서도 비슷한 감정을 느꼈다. 우리들 각자는 '질서정연하고 특별한 원자 배열'이다. 어떤 사람과 배열이 똑같은 원자 집합은 우주 어디에도 없다. 우리 모두는 현재의 무질서도를 유지한 채 원자 배열을 변경하기가 몹시 어려운, 엔트로피가 극도로 낮은 원자 그룹이다. 영구기관을 만들 수 없는 것처럼, 이러한 저엔트로피 상태를 영원히 유지하는 것은 불가능하다. 노화와 죽음이 필연이라는 말이다. 나는 삶이 영원하지 않다는 것을 인정하며 내가 한 모든 말과 행위가 완전히 잊힐 것임을 받아들인다. 그 이름이 무엇이든 초자연적인 힘을 가진 존재에게 의존하지 않고 마지막 시간까지 내 인생을 내 생각대로 밀어 갈 작정이다. 존재의 의미와 삶의 목적을 찾는 일을, 살아가는 방식을 결정하고 도덕과 규범을 세우는 작업을, 누구에게도 '아웃소싱'하지 않겠다는 결심을 확인한다.

혼자면 모든 것이 더 힘든 법, 피하고 싶은 일도 남과 함께 하면 두려움과 아픔이 줄어든다. 엔트로피 법칙에 따르면 죽어 없어지는 것은 나 혼자만이 아니다. 모든 사람, 모든 생물이 그렇다. 지구와 태양, 별과 은하, 우주 전체도 같은 운명이다. 영원한 것은 없다. 영원성에 대한 갈망은 어떤 수단으로도 충족하지 못한다. 과학자들은 우주의 종말이 어떤 형태로 찾아들지 알아냈다. 러셀이 엔트로피 법칙을 근거로 우주의 비참한 종말을 이야기한 것은 단순한 추론이 아니었다. 물질의 증거와 확실한 이론의 뒷받침을 받는 견해였다. 과학자들은 그 사실을 어떻게 알아냈을까? 우주론을 보다가 고등학교 물리 수업에서 배운 '도플러 효과'를 다시 만났다. 오랜만에 아는 이야기를 들으니 반가웠다.[23]

기차 경적은 일정한 높이로 소리를 낸다. 그렇지만 기찻길 옆 오막살이에서 들으면 기차가 다가올 때는 소리가

---

23 도플러 효과와 우주의 종말 시나리오는 『코스모스』(칼 세이건 지음, 홍승수 옮김, 사이언스북스, 2006) 501~533쪽을 참고해 서술하였다.

높고 지나가고 나면 낮아진다. 소리는 공기 밀도가 바뀌면서 만들어내는 파동 현상이다. 음파는 파장(마루와 다음 마루 사이의 간격)이 짧을수록 높게 들리고 파장이 길수록 낮게 들린다. 기차 경적이 일정한 음파를 내는데도 다르게 들리는 것은 기차가 다가올 때는 파장이 짧아지고 멀어질 때는 길어지기 때문이다. 경적의 높낮이 차이를 알면 기차의 속도를 계산해낼 수 있다. 오스트리아 물리학자 도플러Christian Doppler(1803~1853)가 이 현상을 발견했다.

이것이 우주의 운명과 무슨 관계가 있을까? 빛도 파동이기 때문에 도플러 효과가 나타난다. 같은 빛도 다가올 때는 파장이 짧아지고 멀어질 때는 파장이 길어진다. 빠르게 움직이는 물체가 노란색 빛을 방출한다고 하자. 그 빛이 관측자에게 접근할 때는 파장이 짧아져 파란색 쪽으로 이동하고 멀어지는 경우에는 빨간색 쪽으로 이동한다. 이것을 각각 청색이동과 적색이동이라고 한다. 빛의 도플러 효과다.

미국 캘리포니아 윌슨 마운틴 천문대 연구원 휴메이슨Milton Humason(1891~1972)과 허블Edwin Hubble(1889~1953)은 1920년대에 별과 은하를 관측하다가 놀라운 사실 두 가지를 발견했다. 첫째, 은하들은 모두 적색이동을 보인다. 모든 천체가 우리한테서 그리고 서로에게서 멀어져 간다는 뜻이다. 둘째, 멀리 떨어진 은하일수록 적색이동의 정도가 심하다. 먼 은하일수록 더 빠르게 멀어지고 있다는 것이다. 기차 경적의 높낮이 차이를 파악하면 기차의 속도를 알 수 있는 것처럼 빛의 적색이동 정도를 측정하면 은하들이 달아나는 속도를 계산할 수 있다. 이 발견은 빅뱅과 우주의 가속팽창 가설을 뒷받침하는 유력한 증거가 되었다.

대폭발은 왜 일어났는지, 빅뱅 이전에는 무엇이 있었는지, 우주가 얼마나 크며 어떻게 생겼는지 우리는 모른다. 영원히 팽창하는지, 수축해 사라지는지, 팽창과 수축을 반복하는지, 우리 우주 말고 다른 우주가 또 있는지도 모른다. 그러나 엔트로피 법칙을 투사해 보면 우리 우주는 어떤 방식으로든 종말을 맞을 수밖에 없다는 결론에 이른다. 행복한 결말을 보여주는 시나리오는? 없다.

첫째는 '빅 칠'Big Chill(열 죽음)이다. 우주는 끝없이 팽창하고 은하들은 더욱 빠르게 멀어져 우주 너머로 사라진다. 모든 은하가 그러하듯 우리 은하도 더 고독해진다. 별이 사라지고 블랙홀마저 증발한다. 물질은 모두 흩어져 입자로 돌아간다. 우주는 소립자만 고르게 분포한, 특별한 질서라고는 없는 곳이 된다. 우주 전체가 동일한 온도 값을 가진 최고 엔트로피 상태에 도달한다.

둘째는 '빅 크런치'Big Crunch(대함몰)다. 우주는 언젠가 팽창을 멈추고 중력 수축을 하면서 빅뱅 이후 벌어진 과정을 거꾸로 밟는다. 은하들은 서로 가까워져 충돌하고 합쳐진다. 우주는 계속 수축해 빅뱅 초기의 초고온 상태가 되고 자연의 네 가지 힘이 합쳐지면서 하나의 특이점으로 수렴해 종말을 맞는다. 거기서 어떤 일이 생기는지는 우리가 아는 물리학으로 서술할 수 없다.

셋째는 우주가 대폭발과 대함몰을 반복하는 '빅 바운스'Big Bounce다. 이것도 하나 좋을 것 없는 시나리오다. 우리의 코스모스는 시작도 끝도 없이 무한 반복하는 탄생과 소멸의 한 국면에 지나지 않는다. 주기적으로 팽창·수축하는 우주에서는 어떤 정보도 다음 주기로 흘러가지 않는다. 우리 우주의 은하·별·행성·생물·문명은 새로운 우주가 태어나는 대폭발의 특이점을 넘지 못한다. 신이 우주의 태엽을 다시 감는다고 해도 우리 우주에 구원은 없다.

엔트로피 법칙은 우주의 묵시록이다. 모든 것은 결국 사라진다. 나는 러셀의 말에 공감한다. 신을 믿어야 할 이유는 없다. 엔트로피 법칙은 영원성에 대한 집착을 버리라고 말한다. 이 우주에는 그 무엇도, 우주 자체도 영원하지 않다. 오래간다고 의미가 있는 것도 아니다. 존재의 의미는 지금, 여기에서, 각자가 만들어야 한다. 우주에도 자연에도 생명에도 주어진 의미는 없다. 삶은 내가 부여하는 만큼 의미를 가진다. 길든 짧든 사람한테는 저마다 남은 시간이 있다. 나는 그리 길지 않을 시간을 조금 덜어 이 책을 썼다. 쓰는 동안 즐거웠다. 남들과 나누면 더 좋을 것 같다. 그게 전부다.

호모 사피엔스에게 남은 시간은 더 길다. 태양이 부풀어 올라 지구를 삼킬 때까지 50억 년이 있다. 우리의 후손이 혹시라도 그때까지 살아남아 다른 행성으로 이주하는 데 성공한다면 태양과 지구에게 작별 인사를 할 것이다. 하지만 지구 탈출에 성공한다 해도 빅 칠이나 빅 크런치를 견디지는 못한다. 죽어 없어지는 게 나 혼자만은 아니라니 위로가 된다. 물론 이 모두는 쓸데없는 생각인지도 모른다. 인식 주체인 내가 죽고 없는데 호모 사피엔스가 생존하든 말든, 우주가 있든 없든, 무슨 상관이란 말인가.

우주의 언어인가 천재들의 놀이인가

(수학)

수학의 아름다움

지금까지는 갈릴레이가 말한 대로 수학을 '우주의 언어'로 간주했다. 해와 달이 번갈아 뜨고 계절이 돌고 화산이 터지고 땅이 갈라지고 폭풍우가 휘몰아치는 물리 세계는 인간의 의식과 무관하게 존재하며 물리학은 그런 물리적 실재實在(reality)를 설명한다. 여기에 대해서는 다툼이 없다. 수학은 어떤가? 수학도 물리학처럼 인간과 무관하게 존재하는 '수학적 실재'를 서술하는 학문이라면 수학의 정리定理(theorem)는 수학적 실재에 대한 관찰 기록이라고 할 수 있다. 그러나 이런 견해를 받아들이지 않는 수학자가 많다. 그들은 수학을 기호와 논리로 하는 지적 유희로 간주한다.

갈릴레이부터 뉴턴을 거쳐 아인슈타인까지 과학의 역사에 뚜렷한 발자국을 남긴 물리학자는 대부분 수학에 능통했다. 자신의 수학 실력이 신통치 않다고 한 아인슈타인의 말은 '위대한 수학자'들보다 못하다는 뜻으로 해석하는 게 맞을 것이다. 수학자들은 미분학을 정립한 뉴턴을 위대한 수학자로 인정하지만 뉴턴이 수학 연구 자체를 목적으로 삼았던 것 같지는 않다. '위대한 물리학자'는 아무리 수학에 능통했어도 수학자가 아니라 과학자로 보는 게 맞다. 과학자는 수학을 우주의 언어로 여기며 물리 세계의 운동을 서술하는 데 필요한 수학을 선호한다. 그러나 수학자는 다르다. 우주와 대화하는 것이 아니라 수학 연구 자체를 목적으로 삼는다.

수학자는 논문을 쓸 때 인간의 언어를 최소한으로만 사용한다. 수학에 적합하지 않기 때문이다. 수학의 역사에 이름을 올린 수학자들은 신계神界 소속이다. 나 같은 사람은 들어갈 수 없는 곳에서, 나 같은 사람은 왜 하는지 모를 연구를 하고, 나 같은 사람은 한 줄도 독해하지 못할 논문을 쓴다. 그들은 인간계의 보통 사람에게 말을 걸지 않는다. 인간의 언어로 보통 사람과 대화하는 신계의 수학자는 매우 드물다.

1장에서 거명한 영국 수학자 하디가 바로 그 드문 사례다. 정수론 분야에서 대단한 업적을 이루었다는 평가를 받는 하디는 1940년 인간의 언어로 수학에 대해 이야기했다.『어느 수학자의 변명』A Mathematician's Apology이라는 책이다. 새로운 수학 정리를 창조하는 일에서 기쁨을 느끼는 신계의 수학자는 수학에 대해서 이러쿵저러쿵 말하기를 좋아하지 않는다. 명작을 쓴 시인과 소설가들이 문학 평론을 잘 하지 않는 것과 비슷하다. 그래서인지 하디는 자신이 나이가 들어 수학자로서 창조성을 발휘할 가능성이 없다는 '셀프 디스'로 이야기를 시작했다. 하디보다 더 재미있고 친절하게, 더 빛나는 문장으로 수학과 수학자에 대해 말한 '신계의 수학자'는 아직 없다. 수학이 무엇이고 수학자가 어떤 사람들인지 궁금한 인간계의 독자들은 지금도 그 책을 읽는다. 두껍지도 않고 어렵지도 않다.

하디는 무명의 인도 청년 라마누잔Srinivasa Ramanujan(1887~1920)이 천재임을 알아보고 케임브리지대학교로 초청해 공동 연구를 진행했을 정도로 편견이 없고 마음이 열린 사람이었다. 예순세 살에 출간한 책에서 그는, 쉰 살 넘은 수학자가 중요한 수학적 진보를 이룬 경우는 한 번도 없었고 훌륭한 수학자가 수학 아닌 분야에서 뛰어난 업적을 이룬 경우도 보기 어렵다고 했다. 수학은 그냥 천재의 학문이 아니라 젊은 천재의 학문이고, 수학 천재는 수학 말고 다른 일에 재능이 없다는 뜻이다. 하디가 말했으니 사실 아니겠는가.

그는 수학을 둘로 나누었다. 하나는 하찮은 수학, 초급수학 또는 응용수학이고 다른 하나는 진정한 수학, 고등수학 또는 순수수학이다. 나는 제일 솔직한 표현인 '하찮은 수학'과 '진정한 수학'을 선택했다. 하디는 '하찮은 수학은 유용有用하지만 지루하고, 진정한 수학은 아름답지만 무용無用하다'고 주장했다.

'수학이 과학의 여왕이라면 가장 쓸모없는 정수론整數論(number theory)은 수학의 여왕이다'라는 말을 오해하지 말라. 연구의 무용성을 자랑삼는 수학자는 없다. 정수론으로 인류의 행복을 증진한다면 누구도 반대하지 않을 것

우주의 언어인가 천재들의 놀이인가

이다. 학교에서 가르치는 산술·대수학·유클리드기하학·미적분학과 대학의 공학·물리학 전공자가 배우는 수학은 하찮은 수학이다. 일상의 일과 사회 조직에 큰 영향을 주는 수학, 경제학자나 사회학자가 쓰는 수학도 그렇다. 현대 기하학과 대수학·정수론·집합론·함수론·상대성이론·양자역학은 진정한 수학이다. 진정한 수학은 아름답지만 쓸모가 없다. 인류의 물질적 평안에 기여할 가능성이 없다. 유용성을 기준으로 보면 진정한 수학자는 인생을 낭비하고 있다. 그들이 있든 없든 세상은 달라지지 않는다. 하찮은 수학이 선도 행하고 악도 행하는 것과 달리 진정한 수학은 인간의 일상에서 떨어져 있다. 정수론이나 상대성이론이 전쟁 목적에 쓰인 경우는 없었고 앞으로도 당분간은 그럴 것이다. 이런 특성을 지키는 것을 기쁘게 생각한다면 수학자의 삶을 정당하게 여길 수 있다.[1]

하디가 전적으로 옳지는 않았다. 우리는 하디가 말한 '진정한 수학'의 일부가 선과 악을 행하며 전쟁에도 쓰인다는 사실을 안다. 군대와 민간이 모두 사용하는 현대의 암호 시스템은 정수론에 기반을 두고 있다. 우리는 상대성이론 덕

---

1   이 단락은 『어느 수학자의 변명』(G. H. 하디 지음, 정회성 옮김, 세시, 2016) 93~95쪽과 110~121쪽을 요약한 것이다.

분에 항공기 위성항법장치와 자동차 내비게이션을 쓸 수 있다. 핵폭탄을 만들기까지 실험물리학자들이 사용한 모든 수학이 '하찮은 수학'이었던 건 아니다. 진정한 수학도 선과 악에 쓰이며 인간의 일상 안에 들어와 있다. 진정한 수학과 하찮은 수학 사이에는 분명한 경계가 없다. 진정한 수학이 인간 세상으로 들어와 선악을 행하지 못하게 막는 장벽이 있는 것도 아니다.

하디는 신계 소속이라 인간계를 잘 몰랐던 듯하다. 그렇지만 명료하고 품격 있는 인간의 언어로 수학 이야기를 해 준 것을 감사하게 생각한다. 나는 그에게 인간계의 여론을 전하고 싶다. '하디 선생님, 하찮은 수학도 나름 아름답다는 걸 모르셨네요. 인간계의 우리는 그걸 압니다. 진정한 수학이 얼마나 아름다운지는 잘 모르지만요.' 정말이다. 나는 '하찮은 수학'도 아름답다고 생각한다. 사례를 두 가지만 들겠다.

첫 번째는 초급 기하학이다. 지구 크기를 처음으로 알아낸 사람은 기원전 3세기 알렉산드리아에 살았던 에라토스테네스다. 기록으로 확인할 수 있는 범위에서는 그렇다. 놀랍지 않은가? 그 먼 옛날에 지구가 구형이라는 사실을 파악하고 크기까지 측정했다니 말이다. 그게 다가 아니다. 그걸 알아낸 방법은 믿을 수 없을 정도로 간단해서 더 놀랍다.[2]

---

2   에라토스테네스가 지구 크기를 측정한 경위와 방법은 『코스모스』

우주의 언어인가 천재들의 놀이인가

에라토스테네스는 알렉산드리아 남쪽 시에네 지방의 나일강 첫 급류 가까운 동네에서는 6월 21일 정오에 수직으로 꽂은 막대의 그림자가 사라지고 우물의 수면에 태양이 비친다는 파피루스 기록을 보았다. 그 시각을 기다려 알렉산드리아 땅에 막대를 꽂았더니 시에네와 달리 그림자가 생겼다. 그는 막대와 그림자의 길이를 활용해 태양 빛이 수직에서 약 7도 기울어 떨어진다는 사실을 파악했고 그것을 근거로 땅이 구형이라고 추론했다. '태양은 아주 멀리 있기 때문에 빛은 지면에 수직으로 떨어진다. 땅이 평평하다면 그 시각에 어디서나 막대 그림자가 없어져야 한다. 그런데 그렇지가 않으니 땅이 둥글다고 볼 수밖에 없다.'

에라토스테네스는 구형인 땅의 둘레길이를 알아내려고 초급 기하학을 통해 거리를 측정했다. 시에네와 알렉산드리아의 수직 막대를 원 위의 두 점으로 보고 원의 중심을 향해 직선을 그으면 두 직선은 지구 중심에서 만난다. 그리고 교차각은 태양 빛이 알렉산드리아 땅에 떨어진 각도와 같다. 사용한 기하학은 그게 다였다. 그는 알렉산드리아에서 시에네까지 걸어서 몇 보인지 헤아리고 걸음 수에 평균 보폭을 곱하는 방법으로 두 도시가 직선으로 약 800킬로미터 정도 떨어져 있다고 추정했다. 왕복 1,600킬로미터가 넘는 길이었

(칼 세이건 지음, 홍승수 옮김, 사이언스북스, 2006) 47~50쪽을 요약 서술하였다.

으니 건강하고 똑똑한 노예를 시켰을 것이다.

　마지막은 간단한 산술이었다. 교차각 7도는 360도의 약 50분의 1이다. 직선거리 800킬로미터에 50을 곱하면 그게 지구 둘레다. 에라토스테네스가 추정한 지구 둘레는 약 4만 킬로미터로 적도 길이에 근접했다. 눈과 발, 막대기, 초급 기하학과 간단한 곱셈으로 행성의 크기를 알아냈으니 얼마나 대단한가.

　하디의 분류법에 따르면 에라토스테네스가 쓴 기하학과 산술은 명백히 하찮은 수학이다. 그렇지만 그가 한 일은 당시에는 무용했다. 땅이 구형이고 둘레길이가 4만 킬로미터라는 사실을 안다고 해서 에라토스테네스에게 무슨 이익이 있었겠는가. 알아봐야 쓸데없는 지식이었다. 그렇지만 그가 사용한 초급 기하학은 내가 보기에 아름다웠다. 다른 사례를 하나 더 들겠다. 유클리드와 데카르트René Descartes (1596~1650)의 원에 대한 정의다.[3]

　　유클리드: 원은 한 선으로(즉 곡선으로) 된 평면도형으로, 원의 내부의 한 점(그 점은 중심이라고 한다)에서 원 위로 그은 모든 선분이 서로 같다.

3　원에 대한 유클리드와 데카르트의 정의 비교는 『유클리드의 창: 기하학 이야기』(레오나르드 믈로디노프 지음, 전대호 옮김, 까치, 2002) 101~103쪽에서 발췌하였다.

　　　　　　　　우주의 언어인가 천재들의 놀이인가

데카르트: 원은 다음을 만족시키는 모든 x와 y이다:
$x^2+y^2=r^2$, 이때 r은 상수.

어느 것이 아름다운가? 말할 나위도 없이 데카르트 쪽
이다. 인간의 언어와 수학은 이렇게 다르다. 데카르트의 아
이디어는 간단하다. 누구나 이해할 수 있다. 첫째, 평면 위의
모든 점을 수직축에서 떨어진 수평거리 x와 수평축에서 떨
어진 수직거리 y라는 두 수의 순서쌍 (x, y)로 나타낼 수 있
다. 둘째, 선을 점의 집합으로 간주하면 직선이든 원이든 타
원이든 모든 선을 '대수적'代數的으로 표현할 수 있다. 정말
간단하지 않은가.

유클리드와 데카르트는 당대의 순수수학을 연구한 '진
정한 수학자'였다. 그렇지만 그들이 연구했던 수학은 오늘
날 학교에서 가르치는 하찮은 수학이 되어 있다. 다시 말하
지만 하찮은 수학과 진정한 수학은 경계가 분명하지 않다.
직교좌표계는 페르마Pierre de Fermat(1601~1665)가 발명했다는 사
실을 덧붙인다. 데카르트는 그 사실을 밝히지 않고 직교좌표
계를 활용했다. 출처를 밝히지 않고 인용하는 것은 나쁜 행
동이지만 책임은 페르마한테 있다. 페르마는 연구 결과를 출
간하지 않는 고약한 습관이 있었고, 의도하지는 않았겠지만
그로 인해 후세 수학자들을 무척 힘들게 했다.

하디가 한 말이 다 옳지는 않았다. 그러면 어떤가? 인간
계 사람들이 그의 책을 읽는 것은 수학 천재들이 속한 신계

의 비밀을 알고 싶어서이지 그가 옳은 말만 했기 때문은 아니다. 하디 덕분에 나는 수학자가 아름답지만 쓸데없는 학문을 연구하는 이유를 알았다. 하디는 학문 연구의 일반적인 동기를 세 가지로 보았다. 진리에 대한 호기심, 성과를 이루려는 직업적 자긍심, 명성과 지위에 대한 야심이다. 그는 수학만큼 여기에 잘 들어맞는 학문이 없다면서 이유를 이렇게 정리했다. '수학은 진리가 기묘한 장난을 치는 분야다. 정교하고 매혹적인 전문기술을 발휘할 기회를 준다. 수학의 성과는 다른 무엇보다 오래간다. 문명과 언어와 권력은 사멸해도 수학의 아이디어는 불멸한다.'[4]

여기서 핵심은 수학적 진리의 불멸성이다. 하디를 다시 봤다. '영원한 것에 집착한다니, 신계의 수학자도 인간임이 분명하군!' 그렇다. 인간은 삶이 영원하지 않다는 사실을 알기 때문에 영원한 그 무엇을 추구한다. 어떤 물리학자는 같은 생각을 더 분명하고 정감 넘치는 문장으로 표현했다.

수학은 한 번 진리로 판명되기만 하면 영원히 진리로 남는다. 이것이 바로 수학의 매력이다. 논리와 공리에 위배되지 않는 한도에서 창의력을 발휘하면 난공불락의 진리를 찾아낸다. 수학적 증명은 영원불멸이다. 피타고라

---

4   학문 연구의 동기에 대한 하디의 견해는 『어느 수학자의 변명』(G. H. 하디 지음, 정회성 옮김, 세시, 2016) 39~42쪽에서 요약하였다.

우주의 언어인가 천재들의 놀이인가

스가 태어나기 전부터 영원한 미래까지, 평면에 그려진 모든 직각삼각형은 피타고라스 정리를 만족한다. 수학자는 산을 오르거나 사막을 헤매거나 지하 동굴을 탐험하지 않는다. 책상 앞에 앉아 종이에 무언가를 끄적이는 것만으로 영원불멸의 진리를 선포한다. 얼마나 매력적인가.[5]

수학적 진리의 불멸성에 대해서는 이해했다. 그렇지만 의문은 풀리지 않았다. 수학은 무엇인가? 수학적 진리는 수학자가 발견하든 말든 존재하는 객관적 실재를 서술한 것인가? 그런 수학적 실재가 존재한다는 증거가 있는가? 만약 수학적 실재가 존재하지 않는다면? 그렇다면 수학은 현실과는 무관하게 수학자가 창조한 추상적 관념의 복합물이라고 보는 게 타당하지 않겠는가? 그렇다. 이런 관점에서 보면 수학은 적절하게 선택한 정의定義(definition)와 공리公理(axiom)를 바탕으로 논리 규칙에 따라 증명한 정리의 집합이다. 우주를 이해하고 서술하는 도구가 아니다. 진정한 수학자는 '수학적 실재'를 서술하는 게 아니라 논리의 아름다움을 추구하면서 계속해서 새로운 수학을 창조한다. 그들이 새로운 정리를 세울 때마다 수학의 영토는 넓어진다.

---

5   브라이언 그린 지음, 박병철 옮김, 『엔드 오브 타임』, 와이즈베리, 2021, 8~9쪽에서 발췌 요약하였다.

물리학과 화학을 비롯한 과학은 정의가 내려져 있다. 이견이 있다고 해도 다수의견 또는 통설이 존재한다. 하지만 수학이 어떤 학문인지에 대해서는 과학처럼 분명한 합의가 나와 있지 않은 것 같다. 수학은 과학과 근본적으로 다르다. 수학에 대해서는 크게 보아 두 갈래의 서로 다른 접근방식이 있다. 평생 똑똑한 청년들한테 수학을 가르쳤던 프랑스의 수학 교육자는 그 차이를 아래와 같이 설명했다.

> 갈릴레이는 수학이 우주의 언어라고 말함으로써 플라톤을 따랐다. 수학자들이 창조한 세계는 플라톤의 이데아를 닮았다. 수학적 정의에 따르면 점은 위치만 있고 크기가 없다. 그러나 그런 이상적인 점은 현실에 없다. 현실의 점은 어느 것이든 다 어느 정도 도톰하다. 직선도 마찬가지다. 두께가 없는 이상적인 직선은 현실에 없다. 기하학의 공리들은 사람이 마음대로 만든 게 아니다. 반면 아리스토텔레스에 연원을 둔 사고방식에 따르면 수학은 아름다움을 추구하는 언어유희일 뿐이다. 수학의 공리는 논리 법칙에 따라 일관된 이론을 구축하는 데 쓰는 규칙일 뿐이다. 그런데도 그렇게 해서 얻은 수학의 결과가 현실에서 유용한 것은 그렇게 되도록 공리를 선택했기 때문이다.[6]

플라톤과 아리스토텔레스는 수학자가 아니다. 수학자들은 두 철학자에게 큰 관심이 없다. 수학의 정의를 둘러싼 논쟁을 이해하는 데 고대 그리스 철학이 꼭 필요한 것도 아니다. 하지만 플라톤과 아리스토텔레스의 철학과 논리학에 기대어 수학의 정의를 살피는 것은 일리가 있는 방법이다. 이 설명을 하디의 언어로 옮기면 논리가 더 분명해진다. '물리적 실재를 서술하는 데 사용하는 하찮은 수학은 아름다움을 추구하는 진정한 수학의 일부이다. 진정한 수학자는 현실과 무관하게 수학적 진리를 추구하고, 과학자와 엔지니어는 물리적 실재를 서술하는 데 유용한 수학적 도구를 필요한 방식으로 가져다 쓴다.'

진정한 수학과 하찮은 수학의 관계는 기하학의 발전 과정에서 잘 드러난다. 에라토스테네스와 같은 시기 같은 도시에 유클리드라는 사람이 있었다.[7] 학교를 세워 청년들을 가

6   에르베 레닝 지음, 이정은 옮김, 『세상의 모든 수학』, 다산사이언스, 2020, 268~273쪽에서 요약하였다.

7   유클리드의 업적에 대해서는 『유클리드의 창: 기하학 이야기』(레오나르드 믈로디노프 지음, 전대호 옮김, 까치, 2002) 43~53쪽을 참고해 서술하였다. 이 책 영어판의 부제는 '평행선에서 4차원 공간까지 기하학의 역사'다. 한국어판 부제를 '기하학 이야기'로 줄인 것은 적절치 않은 선택이었다. '평행선에서 4차원 공간까지'로 했으면 차라리 나았을 것이다. 이 책은 단순한 기하학 이야기가 아니기 때문이다. 이론물리학자이자 과학저술가로서 텔레비전 시리즈 《스타 트랙: 넥스트 제너레이션》 대본 작업에도 참여했던 저자는 수학·물리학·과학사·세계사·인물평전을 버무려 피타고라스에서 아인슈타인

르쳤던 그는 책을 최소한 2권 썼는데 하나만 양피지 두루마리 13개에 담겨 후대에 전해졌고 나머지는 없어졌다. 그 책이 세상에서 가장 오랫동안 가장 널리 읽힌 책 자리를 두고 기독교 성서와 경쟁했다는『유클리드 원론』[8]이다. 유클리드는 고대 그리스의 기하학 지식을 체계적으로 정리했다. 용어를 명확하게 정의하고 수학적 증명의 규칙을 정립함으로써 무의식적 가정과 부정확한 추측을 기하학의 세계에서 추방했다.

유클리드는 용어 정의 23개, 공리 5개, 그리고 '일반관념'이라고 한 부가공리 5개를 활용해 정리 465개를 증명했다. 공리는 자명하기 때문에 증명하지 않고 참으로 인정하는 명제다. 선분, 선분의 연장, 원의 반지름, 직각에 관한 공리가 자명하다는 데는 이의를 제기하는 이가 없었다. 그러나 다섯 번째 평행선 공리는 달랐다. 유클리드는 그 공리를 이렇게 정리했다. '두 직선을 가로지르는 선분을 기준으로 같은 쪽에 있는 내각의 합이 두 직각보다 작으면 두 직선은 결국 그쪽에서 만난다.' 지금은 똑같은 내용을 다르게 표현한다. '한 직선 밖의 한 점을 지나면서 주어진 직선에 평행인

까지, 고대 그리스 문명에서 양자역학의 시대까지, 물질세계에 대한 인간의 지식이 어떻게 발전했는지 드라마처럼 재구성했다.

8   유클리드의 책은 영어판 제목이 'Elements of Geometry'인데 '기하학 원론' 또는 '기하학 원본'으로 번역한다. 한국어판은 대부분 '유클리드 원론' 또는 '기하학 원론'이라는 제목으로 나와 있다.

직선은 같은 평면 위에 오직 하나뿐이다.' 어떤 수학자들은 평행선 공리가 참이지만 자명하지는 않다고 보았다. 다른 공리를 활용하거나 평행선 공리를 부정하는 방식으로 증명해 보려고 했다. 그러다가 평행선 공리를 부정해도 일관성이 있는 기하학이 성립한다는 것을 알게 되었다. 새로운 수학을 발견한 것이다.

수학이 객관적 실재를 서술하는 학문이라고 하자. 유클리드기하학이 진리라면 평행선 공리를 위반하면서도 모순이 없는 수학은 성립할 수 없다. 만약 그런 수학이 존재한다면 유클리드기하학은 실재를 잘못 서술한 것이다. 가우스를 비롯한 신계의 수학자들은 평행선 공리를 위반하면서도 모순이 없는 비유클리드기하학을 찾아냄으로써 공간에 대한 관념을 바꾸었다. 그러나 그들이 휘어진 면이나 굽은 공간을 서술하려고 비유클리드기하학을 만든 건 아니다. 쓸데없는 호기심과 논리의 완벽함을 추구하는 열정에 끌려 찾아냈을 뿐이다. 과학자들은 그 기하학을 물리적 실재를 서술하는 데 썼다. 두 기하학이 어떻게 다른지 잠깐 짚어본다.

비유클리드기하학은 휘어진 면의 기하학이다. 농구공의 표면처럼 볼록한 면이나 말안장처럼 오목한 비유클리드 평면은 유클리드기하학에 없는 성질이 많지만, 평행선 공리를 제외한 유클리드기하학의 다른 공리를 모두 만족한다. 이런 평면은 구면기하학과 쌍곡선기하학으로 서술할 수 있다. 휘어진 공간도 비유클리드기하학을 요구한다. 일반상대성이론에 따르면 공간은 휘어질 수 있으며, 공간의 곡률은 중력이 결정한다. 공간이 달라지면 공간을 서술하는 기하학도 달라진다. 유클리드기하학이 진리가 아니라는 말이 아니다. 완전한 평면에서는 진리다. 공간의 곡률이 작아서 일상생활에 영향을 미치지 않는 인간 세계 규모에서도 잘 작동한다. 그러나 광대한 우주의 구조와 운동을 서술하려면 비유클리드기하학이 필요하다.[9]

어떤 수학자는 수학적 실재라는 것을 부정한다. 20세기 초반 세계 수학계의 지도자로 일컬어졌던 힐베르트David Hilbert (1862~1943)가 대표 인물이다. 그는 수와 원 같은 추상적 개념을 인간의 의식과 무관한 완벽하고 절대적인 존재로 인정하지 않았다. 수학을 기호와 논리 규칙으로 하는 게임으로 간주했다. 예컨대 '2+2=4'가 참인 것은 수로 이루어진 세계를 옳게 기술하기 때문이 아니라 규칙에 따라 논리체계 안에서 유도할 수 있기 때문이라고 주장했다.

힐베르트는 그런 관점에서 수학은 참인 모든 명제를 증명할 수 있고(완전한complete), 모순이 없으며(일관된consistent), 어떤 명제가 참인지 여부를 판단할 수 있는 알고리즘이 존재한다(결정 가능한decidable)는 것을 증명하려고 했다. 이런

9　유클리드기하학과 비유클리드기하학의 차이는 『**교양인을 위한 수학사 강의**』(이언 스튜어트 지음, 노태복 옮김, 반니, 2016) 256~259쪽을 참고해 서술하였다.

관점에서 보면 수학은 논리학이나 다름없다. 교수직을 정년 퇴임한 1930년의 고별강연에서 힐베르트는 수학의 완전성에 대한 믿음을 후일 자신의 묘비에 새긴 문장에 집약했다. '우리는 알아야 하며 알게 될 것이다.'

괴델Kurt Gödel(1906~1978)은 바로 그 시기에 '불완전성 정리'를 제출함으로써 힐베르트의 희망을 무너뜨렸다. 그는 수학이 기호로 하는 게임이라 하더라도 완전하고 모순이 없는 게임은 아님을 증명했다.[10] 괴델의 증명은 괴상해 보인다. 그는 모순이 없으리라고 여기는 수학 논리체계의 명제들에 번호를 붙이고, 그 번호로 복잡한 연산을 해서 겉으로는 수에 관해 말하면서 '나는 증명될 수 없다'고 말하기도 하는 공식을 내놓았다. 그렇다면 그 공식이 말하는 바가 거짓일 수 있을까? 아니다. 만약 거짓이라면, 공식은 증명될 수 있다는 의미가 되므로 참이 된다. 따라서 증명될 수 없다는 선

---

10   수학이 기호로 하는 게임이라는 힐베르트의 주장도 난해하고 그 게임이 완전하지 않고 모순이 없지도 않다는 것을 증명한 괴델의 논리도 마찬가지로 난해하다. 내게는 둘 모두 인간이 접근할 수 없는 신들의 놀이 같다. 과학커뮤니케이터의 해설을 들어도 도움이 되지 않았다. 구독자가 1,300만 명 넘는 유튜브 'Veritasium'의 한국어 계정 베리타시움에 '당신이 수학을 모르는 이유'(feat. 불완전성의 정리)라는 제목으로 올라 있는 영상이 그나마 유익했다. 그 영상은 칸토어부터 하이젠베르크와 튜링까지 현대 수학의 큰 흐름 안에서 힐베르트와 괴델이 무엇을 이루려 했고 무엇을 이루었는지 설명해 준다. 영어 버전 영상의 엄청난 재생 횟수를 보고 신들의 놀이에 관심을 가진 인간이 생각보다 많다는 걸 알았다.

언도 참일 수밖에 없다. 괴델은 이 명제가 참인지 여부를 그 논리체계 안에서는 증명하거나 반박할 수 없고 논리체계 밖에서만 알 수 있다는 것을 증명했다. 참인데도 체계 안에서는 증명할 수 없는 명제가 하나라도 있다면 수학은 완전한 논리체계일 수 없다. 괴델은 또 수학의 어떤 논리체계도 자체 수단으로는 모순이 없다는 것을 보일 수 없다는 것도 증명했다. 스스로 무모순성을 증명할 수 없다면 수학을 일관된 논리체계로 인정할 수 없다.

1930년 독일 쾨니히스베르크 학회 행사에서 괴델이 불완전성 정리를 발표했을 때 내용과 의미를 이해한 사람은 없었다고 한다. 그러나 다음해 그가 「『수학 원리』와 응용 체계의 형식적으로 결정할 수 없는 명제들에 관하여」라는 논문을 발표한 이후 상황이 달라졌다. 『수학 원리』Principia Mathematica는 러셀과 화이트헤드Alfred Whitehead(1861~1947)가 함께 쓴, 순수수학을 기호논리학으로 재구성한 세 권짜리 책이다. 논문 제목에서 보듯 괴델은 수학을 논리학으로 환원하려는 시도에 제동을 걸었다. 시간이 흐르면서 많은 수학자들이 괴델의 증명을 받아들였다. 수학의 논리로 어떤 문제든 원리적으로 풀수 있다는 신념은 흔들렸고 완전한 지식을 얻는다는 이상도 금이 갔다.

괴델은 왜 굳이 그런 작업을 했을까? 어떤 수학 전문작가의 해석에 따르면, 괴델은 '나는 증명될 수 없다'고 말하는 공식이 참임을 수학의 논리체계 밖에서 '알 수 있는' 것

우주의 언어인가 천재들의 놀이인가

은 우리에게 초감각적인 '수학적 직관'이 있기 때문이라는 말을 하고 싶어서 불완전성 정리를 제출했다고 한다.[11]

나는 갈릴레이와 힐베르트 모두 옳다고 본다. 수학은 객관적 실재를 서술하는 우주의 언어이기도 하고, 기호와 논리를 가지고 노는 천재들의 지적 유희이기도 하다. 기하학을 보라. 피타고라스 정리는 직각삼각형 자체의 성질을 서술한 것임에 분명하지만 신계의 수학자가 만든 추상적 개념이기도 하다. 지구 표면의 곡률이 인간의 감각으로는 0이기 때문에 사람들은 유클리드기하학을 진리로 받아들였다. 비유클리드기하학은 중력으로 공간이 휘는 우주의 객관적 실재를 서술하는 데 필요한 도구이지만 그것을 찾아낸 것은 기호와 논리를 가지고 노는 신계의 수학자들이었다.

수학은 수학자들이 창조한 추상의 세계다. 수학자는 수학적 실재를 서술하려고 수학을 연구하지 않는다. 수학의 아름다움과 수학적 진리의 영원성에 끌려 추상의 세계를 구축한다. 자신들이 창조한 것이 언제 어떤 방식으로 물리적 실재를 서술하는 도구가 되어 현실의 선악과 관계를 맺을지는 그들 자신도 모른다.

정리해 보자. 수학은 어떤 학문인가? 힐베르트에 따르

---

11   괴델의 불완전성 정리의 결론과 수학적 직관에 대한 믿음은 『아인슈타인이 괴델과 함께 걸을 때』(짐 홀트 지음, 노태복 옮김, 소소의책, 2020) 24~27쪽을 참고해 서술하였다.

면 기호와 논리로 하는 천재들의 지적 유희이고 갈릴레이에 따르면 물리적 실재를 서술하는 우주의 언어다. 나는 갈릴레이의 수학이 힐베르트가 말한 수학의 일부라고 생각한다. 그래서 둘 모두 옳다고 했다. 하디의 말로 옮기면 하찮은 수학은 진정한 수학의 부분집합이다. 하찮은 수학도 힘겨워하는 주제에 이런 말을 하려니 부끄럽다. 분에 넘치는 줄 알지만 용기를 내어 말했다. 문과라서 이런 짓을 할 수 있다.

난 부럽지가 않아

수학의 역사를 잘 모르지만 한 가지는 자신 있게 말할 수 있다. 수학사에 큰 족적을 남긴 수학자 중에 '노력형'은 없었다. 다른 분야는 몰라도 수학 천재는 천재로 태어난 사람들이었다. 재능을 타고나지 않은 사람은 노력할 수도 없는 학문이 수학이다. 수학 천재는 '발명왕'과 달리 '99퍼센트의 노력'으로 만들 수 없다. 수학 역사의 최고 천재로 널리 인정하는 가우스Carl Gauss(1777~1855)는 그야말로 하늘에서 떨어졌거나 땅에서 솟아난 듯한 사람이었다.[12]

---

12   가우스의 생애와 업적은 『유클리드의 창: 기하학 이야기』(레오나르드 믈로디노프 지음, 전대호 옮김, 까치, 2002) 128~161쪽과 『19세기 수학의 발전에 대한 강의』(펠릭스 클라인 지음, 한경혜 옮김, 나남, 2012) 25~108쪽을 참고해 서술하였다.

가우스는 독일 소도시 브라운슈바이크의 빈민가에서 태어났다. 아버지는 막노동부터 장의사 장부관리까지 돈 되는 일은 무엇이든 했던 가난뱅이, 하녀 일을 한 어머니는 교육이라고는 받은 적이 없는 문맹이었다. 그런 환경에서 자랐는데도 가우스는 말보다 먼저 수와 계산법을 익혔다. 아버지는 세 살짜리 아들이 자신의 급료를 계산하는 것을 동료들에게 재미삼아 보여주었을 뿐, 그 재능을 살려주어야 한다는 생각은 하지 않았다.

가우스는 어머니와 외삼촌이 애쓴 덕에 동네 초등학교에 들어가 별 의미 없는 교육을 받았는데, 수학 과목에서 놀라운 재능을 드러냈다. 유명한 일화가 산술급수 공식을 유도해 덧셈 문제를 푼 일이다. 선생님이 아이들을 입 다물게 하려고 시간이 많이 걸리는 덧셈 연산 과제를 내주곤 했는데 가우스는 1부터 100까지 더하면 5,050이라는 것을 덧셈을 하지 않고 알아냈다.[13] 그는 산술에만 능했던 게 아니라 높은 수준의 수학적 직관과 사유능력도 지니고 있었다. 열두 살에 『유클리드 원론』의 문제점을 감지했고, 열다섯 살에 평행선 공리를 위배해도 모순이 없는 기하학이 성립한다는 사실을 파악했으며, 열아홉 살에는 자와 컴퍼스만으로 정십칠각형

---

13   급수의 합을 구하는 공식은 $1+2+3+ \cdots +n = n(n+1)/2$이다. 이 공식을 스스로 알아낸 수학 천재가 가우스뿐이었던 것은 아니다. 그러나 가우스만큼 수학과 무관한 환경에서 태어나고 자라서 가우스에 필적할 만한 연구업적을 남긴 수학자는 없었다.

을 작도할 수 있다는 것을 증명함으로써 2,000년 동안 해결하지 못한 임의의 n각형 작도 문제 해결 실마리를 찾았다.

가우스는 귀족의 후원을 받으며 괴팅겐대학교에서 공부했고 평생 그 대학의 교수로 일했다. '진정한 수학'과 '하찮은 수학' 모두를 연구했고 탁월한 성과를 냈다. 괴팅겐 천문대장을 겸했고, 소행성을 발견했으며, 다른 천체의 중력 때문에 태양계 행성의 궤도가 달라지는 섭동攝動의 크기를 계산하는 방법을 제시했다. 산꼭대기 세 개로 이루어진 삼각형을 측정하는 기법을 창안해 측량학 발전을 촉진했고 전자기학과 전기역학 분야에 쓰는 수학 이론을 만들었다. 정수론·해석학·확률론·기하학 등 당대 수학의 주요 분야에서 혁신적인 연구 성과를 냈다. 40대 중반까지도 창의성을 잃지 않고 내각의 합이 180도보다 작은 삼각형을 규정하는 방정식을 완성했으나 당시 철학계의 대세였던 칸트 추종자들의 공격을 받을 가능성 때문에 논문을 공개하지는 않았다. 가우스가 죽은 후 연구자들은 다른 학자들과 주고받은 서신을 비롯한 유품에서 그가 오래전에 오늘날 '쌍곡선기하학'이라고 하는 비유클리드기하학을 찾아냈다는 사실을 확인했다.

가우스가 노력하지 않았다는 게 아니다. 평생 쉼 없이 연구했다. 그러나 그것은 천재성의 원인이 아니라 결과였다. 가우스만 그런 게 아니다. 정수론의 대가였고 미분학 탄생에도 기여한 법률가 페르마는 재미삼아 수학을 연구했다. 오일러Leonhard Euler(1707~1783)는 어린 시절 목사가 되라는 아버지의 권유를 받아들여 라틴어를 포함해 여러 외국어를 배웠지만 결국 수학자가 될 운명을 받아들였다. 열세 살 바젤대학교 입학, 열여섯 살 석사학위 취득, 열아홉 살 박사학위 취득, 90권 넘는 책과 900편에 육박하는 논문 발표, 타고난 천재가 아니고는 이런 경력을 남길 수 없다. 그는 수학 역사를 통틀어 가장 많은 논문을 썼고, 물리학·천문학·공학·광학의 발전을 북돋운 수학 이론을 만들었다. 군群(group)이론을 창안했을 때 갈루아Évariste Galois(1811~1832)의 나이는 겨우 스무 살이었다. 라마누잔은 대학을 다니는 동안 수학을 제외한 모든 과목에서 낙제했지만 학계와 아무 교류를 하지 않고 정수론 분야에서 놀라운 성취를 이루었다. 미분기하학의 대가 리만Bernhard Riemann(1826~1866), 집합론 창시자 칸토어Georg Cantor(1845~1918), 논문을 1,500편이나 발표한 20세기 수학계의 '논문 챔피언' 에르되시 팔Erdős Pál(1913~1996)이 타고난 천재였음은 말할 필요도 없다.[14]

14   에르되시 팔은 부다페스트에서 태어난 유대인으로 부모 모두 수학 교사였다. 어머니의 극진한 보살핌을 받으며 자랐던 그는 홀로코스트로 아버지와 삼촌들을 잃은 후 미국에 망명했다. 프린스턴대학교에서 강의했으나 종신교수직을 받지 않고 세계를 떠돌아다녔으며 많은 수학자들과 함께 수학의 난제를 연구했다. 심장마비로 세상을 떠나기 직전에도 수학 문제를 풀었다. 평전 『우리 수학자 모두는 약간 미친 겁니다』(폴 호프만 지음, 신현용 옮김, 승산, 1999)는 미국식 이름 '폴 에어디쉬'를 썼지만 우리나라처럼 성을 앞에 두는 헝가리 이름 표기법을 존중해 여기에는 에르되시 팔로 적었다. 과학 전문작가인 호프만이 쓴 평전은 에르되시의 수학적 업적보다 인간적 면모에

내가 아는 저명한 수학자 중에서 '노력형'에 그나마 가까운 사람은 '페르마의 마지막 정리'를 증명한 와일스Andrew Wiles(1953~)다. 와일스는 열 살에 그 문제를 알았고 30년 동안 연구한 끝에 증명했다. 수학 정리 하나를 증명하는 데 인생을 바친 셈이다.[15] 와일스의 인생을 이해하려면 '페르마의 마지막 정리'를 알아야 한다. 페르마는 디오판토스의 책 『산학』算學(Arithmetica)을 읽으면서 자신이 생각한 것을 여백에 적어두곤 했다. 디오판토스는 기하학이 유행했던 고대 그리스에서 정수론과 대수학을 연구했는데, 묘비에 자신의 수명을 미지수로 한 방정식을 문장으로 새긴 사람으로 유명하다.

페르마가 죽은 후 아들이 아버지의 메모를 정리해 『페르마의 주석이 붙은 아리스메티카』를 출간했다. 거기에는 새로운 수학 정리가 여럿 있었는데 증명 과정을 생략한 경우가 많았다. 후대 수학자들은 페르마가 메모해둔 정리를 모두 증명했다. 그런데 하나는 300년이 지나도록 증명하지 못

초점을 두었다. 한마디로 '수학의 성자'라고 해도 좋을 사람이었다.

15　앤드루 와일스에 대한 정보는 『페르마의 마지막 정리』(사이먼 싱 지음, 박병철 옮김, 영림카디널, 2022)에서 가져왔다. 이 책은 와일스의 수학에 대한 열정과 연구 과정을 다룬 평전이지만 단순한 인물 전기는 아니다. '페르마의 마지막 정리'를 중심에 놓고 피타고라스에서 현대까지 수학사의 발전 과정을 모두 보여주는 교양서다. 물리학을 전공하고 과학커뮤니케이터로 활동하는 저자는 흥미로운 정보를 간결한 문장에 담아 서술했다. '페르마의 마지막 정리'를 증명하기 위해 사용한 현대 수학의 여러 이론을 이해하지 못해도 수학자들의 삶과 학계의 분위기를 들여다볼 수 있다는 점에서 일독할 가치가 있다.

　　우주의 언어인가 천재들의 놀이인가

했다. 그래서 '페르마의 마지막 정리'라고 한다.

피타고라스 정리($x^2+y^2=z^2$)를 알면 '페르마의 마지막 정리'도 이해할 수 있다. 여기서 x와 y는 직각삼각형에서 직각을 만드는 두 변의 길이이고 z는 빗변의 길이다. 피타고라스 정리를 말로 표현하면 이렇다. '직각삼각형의 빗변 길이를 제곱한 값은 나머지 두 변의 길이를 각각 제곱하여 더한 값과 같다.' 페르마는 피타고라스 정리의 제곱수를 3 이상의 정수로 바꾸면 방정식을 충족하는 정수해가 없다고 했다.

n이 3 이상의 정수일 때 $x^n+y^n=z^n$를 충족하는 정수해 (x, y, z)는 존재하지 않는다.

n이 2일 때 이 방정식을 충족하는 정수해 (x, y, z)가 있다는 것을 우리는 안다. 예컨대 (3, 4, 5) (5, 12, 13) (8, 15, 17) 같은 것이다. 그러나 n이 3 이상의 정수이면 방정식을 충족하는 정수해 (x, y, z)가 없다. 이것이 '페르마의 마지막 정리'다. 간단한 내용이라 쉽게 증명할 수 있을 것 같지만 그렇지 않다. 페르마는 '놀라운 증명 방법을 발견했지만 여백이 부족해서 적지 않았다'고 써두었지만 착각했을 가능성이 높다. 와일스는 현대 수학의 최신 방법론을 동원해 증명했는데, 증명 과정이 책 두 권 분량이 될 만큼 길고 복잡했다. 17세기 중반의 수학으로는 증명할 수 없는 문제였다고 보는 게 합당하다.

와일스는 미해결 수학 문제를 다룬 책에서 페르마의 마지막 정리를 발견하고 '정말 멋진 문제'라 생각했다. 겨우 열 살 때였다. 크게 놀랄 일은 아니다. 그 정도 재능 있는 어린이는 드물지 않다. 하지만 열 살 어린이가 그 문제를 푸는 데 인생을 걸겠다고 결심한 것은 놀랄 만한 일이다. 누가 시킨다고 해서 할 수 있는 일이 아니다. 진정한 수학자가 될 운명을 안고 세상에 온 사람이라야 그런 일에 평생 열정을 불태울 수 있다.

와일스는 마흔 살이던 1993년 6월 23일 영국 케임브리지대학교 뉴턴연구소의 강연장에서 수학자 200여 명이 지켜보는 가운데 페르마의 마지막 정리를 증명해 보였다. 나중 증명 과정에 작은 오류가 있었다는 사실을 알고 수정하는 우여곡절이 있었지만 학계는 그가 '페르마의 마지막 정리'를 증명했다고 인정했다. 와일스는 필즈상 특별상을 비롯해 수학 분야의 여러 상을 받았다. 영국 정부는 이름 앞에 경Sir을 붙일 수 있는 훈장을 주었다.

사람은 자신에게 없는 것을 선망하는 경향이 있다. 수학을 못해서 학교생활이 힘들었고 수학 때문에 대학 입시에서 고생한 사람일수록 수학자를 더 우러러본다. 수학 천재는 확실히 다른 분야의 천재보다 더 천재 같다. 전성기의 메시와 호날두는 축구의 신이었다. 보통 선수는 '인간계'人間界, 유럽 빅리그의 몸값 높은 선수는 '중간계'中間界, 메시와 호날두는 '신계'神界에 속한다고 했다. 하지만 수학자는 대부분 신계에 있는 초월적 존재 같다.

메시와 호날두가 한 일을 우리는 이해한다. 메시가 1분 동안 다른 선수들보다 얼마나 많은 볼 터치를 했는지, 공을 몰고 갈 때 축구공과 발이 얼마나 가까웠는지, 방향을 바꿀 때 회전 각도가 얼마나 컸는지 데이터로 확인하고 영상으로 감상한다. 호날두가 헤딩을 할 때 다른 선수보다 얼마나 높이 솟아올랐는지, 슈팅한 공의 속도가 다른 선수들보다 얼마나 더 빨랐는지도 안다. 피카소처럼 그림을 그리지 못하고 모차르트처럼 작곡을 하지 못해도 우리는 작품을 감상하면서 그들이 얼마나 대단한 일을 했는지 이해한다. 빅토르 위고와 톨스토이의 소설도 마찬가지다.

하지만 수학자는 다르다. 그들은 인간계의 사람이 알지도 못하는 문제를 연구한다. 우리는 그들이 일하는 방식을 흉내 내지 못하며 그들이 쓴 논문을 읽을 수 없다. 중간계에서 활동하는 전문작가들이 최선을 다해 설명해도 극히 일부를 겨우 알아듣는다. 수학자는 우리와 다른 차원에 있는 존재다. 그렇지만 수학자의 삶을 부러워할 필요는 없다. 꼭 존경해야 하는 것도 아니다. 모두가 그렇듯, 그들도 자신이 가진 것으로 인생을 산다. 뇌의 특수한 영역이 특별히 발달했기에 수학자가 되었을 뿐이다.

나는 수학자들의 재능과 성취를 인정하고 존중하지만 열등감이나 자괴감을 느끼지는 않는다. 그들이 노력만으로 수학자가 된 것도 아니고 내가 노력하지 않아서 수학을 못하는 것도 아니기 때문이다. 수학을 몰라도 행복하고 의미 있는 인생을 살 수 있다. 수학 천재라고 해서 삶이 남보다 행복한 것도 아니고 인격이 더 훌륭한 것도 아니다.

수학을 모르면 우주의 철학을 알 수 없다고 했던 갈릴레이는 종교재판을 받고 피렌체 변두리의 시골집에 갇혀 고통스러운 말년을 보냈다. 수학자들이 가우스에 버금가는 수학 천재로 인정하는 뉴턴은 다른 과학자들과 숱한 연구업적 다툼을 벌였다. 가우스는 냉담하고 무지한 아버지 때문에 어린 시절을 고달프게 보냈고 어른이 된 후에는 아내와 두 자녀를 먼저 떠나보내는 아픔을 겪었다. 오일러는 백내장 치료를 제대로 받지 못해서 생애 마지막 15년 동안 앞을 보지 못했다. 갈루아는 프랑스대혁명에 가담했다가 스무 살에 감옥에 갇혔고 스물한 살에 결투를 하다 목숨을 잃었다. 라마누잔은 우울증으로 자살을 기도했고 극단적 채식으로 건강을 해쳐 서른세 살에 죽었다. 칸토어는 마흔도 되기 전에 우울증에 걸려 수학 연구를 그만두었고 극심한 망상 증세로 입원과 퇴원을 반복하다가 정신병원에서 숨을 거두었다.

에르되시는 집도 가정도 없이 평생 여행가방 두 개를 들고 호텔과 남의 집을 떠돌았으며 자기 손으로는 토스터로 식빵 굽는 일조차 제대로 하지 못할 만큼 일상생활에 서툴렀다. 하디가 진지한 수학으로 분류한 상대성이론의 창조자 아인슈타인은 첫 번째 아내와 이혼했고 두 번째 아내와 사별했으며 아들을 조현병으로 잃었고 소련 스파이 여자와

우주의 언어인가 천재들의 놀이인가

사귀었다는 소문에 휘말렸다. 괴델은 누군가 자신을 독살하려고 한다는 망상에 사로잡혀 음식 섭취를 거부하다가 영양실조로 사망했다. '컴퓨터를 만든 수학자'로 알려진 튜링Alan Turing(1912~1954)은 동성애를 범죄로 취급한 법률에 따라 약물을 강제 주입당하는 수모를 겪은 뒤 청산가리로 목숨을 끊었다.

마지막 정리로 수학자들을 쓸데없이 괴롭혔던 페르마와 안과 밖을 나눌 수 없는 입체를 발견한 클라인Felix Klein (1849~1925)처럼 원만하게 사회생활을 하면서 큰 풍파 없이 인생을 산 수학 천재도 없지는 않았다. 그러나 신계의 수학자라고 해서 인간계의 보통 사람보다 행복하고 훌륭한 인생을 살지는 않았다는 것은 확실해 보인다. 나는 그들이 부럽지는 않다. 나도 그들처럼 내가 가진 것으로 인생을 산다. 수학을 못해도 내 인생을 나름의 의미로 채울 수 있다. 그러나 굳이 부정하진 않겠다. 수학을 잘하면 좋겠다는 소망이 있었고, 지금도 있다는 것을!

바보를 겨우 면한 자의 무모한 도전

나는 문과들과 어울려 살았다. 아는 과학자가 없어서 과학 공부를 어떻게 해야 하는지 물어보지 못했다. 우연히 마주친 과학교양서를 닥치는 대로 읽었다. 인생을 닥치는 대로 살았는데 독서라고 달랐겠는가? 뇌과학부터 물리학·생물학·화학·수학·천문학·양자역학까지 분야와 저자를 가리지 않았다. 지나고 보니 나쁘진 않았다. 자연과 우주의 모든 것은 얽혀 있다. 책 읽는 순서가 뭐 중요하겠는가.

하지만 과학 공부 이야기를 남한테 하는 건 그렇게 할 수 없다. 나 같은 문과 독자가 알아들을 수 있게 해야 한다. 과학과 인문학은 연구 대상과 연구 방법이 다르다. 쓰는 말과 사고방식도 같지 않다. 과학자는 현상을 관찰하는 데서 출발해 실험과 분석과 추론으로 대상의 실체에 다가선다. 그렇지만 연구 결과를 이야기할 때는 반대로 한다. 자신이 알아낸 대상의 본질을 먼저 밝히고 그것이 어떻게 우리가 인지하는 현상을 만들어내는지 설명한다. 소금물 이야기가 그랬다. 원자의 구조에서 출발해 공유결합과 이온결합을 거쳐 소금 결정의 해체와 복원 과정으로 나아가면서 소금 용해 현상을 설명했다. 그것이 과학 '스토리텔링'의 패턴이다.

　과학교양서는 이 순서를 지킨다. 양자역학에서 출발해 화학과 생물학을 거쳐 뇌과학으로 나아간다. 과학 전문작가 나탈리 앤지어의 『원더풀 사이언스』가 그렇다. 내친김에 생물학을 거쳐 인문학까지 나아가는 경우도 있다. 대표 사례로 물리학자 브라이언 그린의 『엔드 오브 타임』을 들 수 있다. 세상 모든 것은 원자로 이루어져 있다. 원자가 결합해 분자를 만들었고 분자가 뭉쳐 세포를 형성했으며 세포가 결합해 생물이 되었다. 생물은 진화했고 발달한 뇌를 가진 호모 사피엔스가 출현했다. 우리가 어디에서 왔으며 왜 존재하는지 알려고 하는 철학적 자아는 뇌에 깃들어 있다. 물리 세계의 모든 것을 과학적으로 설명하려면 그런 순서를 따르는 게 자연스럽다.

　그렇지만 문과한테는 좋지 않다. 물리학자도 잘 모른다는 양자역학을 제일 먼저 공부하라는 것은 '문과 학대'일 수 있다. 나는 문과의 고충을 안다. 문과가 과학 책을 읽으려면 방정식이 없어야 한다. 인문학과 관련이 있으면 수월하다. 그래서 과학 공부 이야기를 뇌과학으로 시작했다. 뇌과학을 알면 생물학에 호기심이 생긴다. 생명 현상을 확실하게 이해하고 싶으면 화학을 들여다보게 된다. 원소 주기율표를 이해하려다 보면 양자역학과 친해진다. 양자역학을 알면 우주론이 덤으로 따라온다. 우주와 수학이 무슨 관계인지 궁금해진다.

　과학 공부를 시작하려는 문과 독자에게 권한다. 아무 책이나 재미있다고 느끼는 것을 읽으시라. 양자역학 책부터 펼치는 건 현명한 전략이 아니다. 뇌과학이나 생물학에서 시작하는 게 안전하지만 취향에 따라서는 우주론에서 출발해도 좋다. 우주에서 인생을 배웠다고 하는 사람도 있으니까.

중요한 건 '바보'를 면하겠다는 결심이다. 파인만의 '거만한 바보'는 자신이 바보인 줄 모른다. 죽을 때까지 '바보'여도 불행하다고 생각하지 않는다. 심지어는 행복하다고 느낄 수도 있다. 그렇게 살고 죽는 것도 하나의 인생이다. 그러나 자신이 '바보'였음을 알고 '바보'를 면하는 게 '바보'인 줄도 모르고 사는 것보다 낫다. 부끄러움은 잠시지만 행복은 오래간다. 누구나 그런지는 모르겠으나, 나는 그랬다.

과학자는 읽지 않기 바란다. 책을 쓴 나는 모르는 오류를 발견할 것이니까, 생각만 해도 마음이 불안해진다. 송민령 박사와 김상욱 교수의 도움을 받아 오류를 바로잡고 오해를 부를 수 있거나 부정확하다는 지적을 받을 수 있는 표현을 최대한 다듬었지만 충분하다는 생각이 들지는 않는다. 두 과학자에게 감사드리며 이 책에 들어 있을지 모를 오류의 책임은 전적으로 내게 있음을 분명히 해두고 싶다.

어떤 과학자가 혹시라도 읽는다면 '바보'를 겨우 면한 문과 남자의 무모한 도전을 너그럽게 보아주기 바란다. 그래도 과학커뮤니케이터에게는 참고가 될 수 있다고 믿는다. 훌륭한 과학교양서를 쓴 과학자와 전문작가들은 크게 힘들이지 않고도 수학과 과학을 공부했을 것이다. 문과 사람들이 어떤 대목에서 왜 힘들어하는지 아는 게 양자역학을 이해하는 것보다 그들에게는 더 어려울 수 있다. '운명적 문과'가 과학의 사실과 이론을 어떤 눈으로 이해하고 해석하고 활용하는지, 때로는 얼마나 비과학적으로 과학을 대하는지 아는 데 도움이 되면 좋겠다. 그걸 알면 문과한테 조금이라도 더 가깝게 다가서는 과학교양서를 쓸 때 참고할 수 있을 테니까.

과학을 공부하면서 많은 것을 배우고 생각하고 느꼈다. 가장 중요한 것이 무언지 짚어 보았다. 인문학의 가치와 한계를 생각하게 되었다는 것이다. 본문에서 누차 말했지만 과학에는 옳은 견해와 틀린 견해, 옳은지 틀린지 아직 모르는 견해가 있다. 그러나 인문학에는 그럴법한 이야기와 그럴듯하지 않은 이야기가 있을 뿐이다. 인문학 이론은 진리인지 오류인지 객관적으로 판정할 수 없다. 그게 인문학의 가치이고 한계다. 한계를 넓히려면 과학의 사실을 받아들여야 하고, 가치를 키우려면 사실의 토대 위에서 과학이 대답하지 못하는 질문에 대해 더 그럴법한 이야기를 만들어 나가야 한다. 우리 자신을 이해하려면 과학과 인문학을 다 공부해야 한다.

나는 스무 살부터 30년 동안 인문학만 공부했다. 과학자들이 찾아낸 우주와 자연과 생명과 인간에 대한 사실을 모르고 살았다. 중요한 사실만이라도 알았더라면 어렵지 않게 답을 찾을 수 있었을 질문까지 다 껴안고 때로는 출구 없는 미로에서 방황했다. 답이 아닌 것을 정답이라 여기며 시간과 열정을 헛되이 소모했다. 주어진 환경에서, 운명으로 받은 모든 것을 껴안고, 존재의 의미를 찾으려고 최선을 다하려다 그랬던 것이라 후회는 하지 않는다. 그러나 다시 스무 살로 돌아간다면 인문학과 함께 과학도 공부하고 싶다. 인생의 막바지에 접어드는 시점에서 이런 아쉬움을 느끼는 문과가 없기를 바라면서 과학에 관한 인문학 잡담을 마친다.

찾아보기